作業効率が10倍アップする！

ChatGPT × Excel

スゴ技大全

テクニカルライター
武井一巳

JN072845

SE
SHOEISHA

本書内容に関するお問い合わせについて

このたびは翔泳社の書籍をお買い上げいただき、誠にありがとうございます。弊社では、読者の皆様からのお問い合わせに適切に対応させていただくため、以下のガイドラインへのご協力をお願い致しております。下記項目をお読みいただき、手順に従ってお問い合わせください。

●ご質問される前に

弊社Webサイトの「正誤表」をご参照ください。これまでに判明した正誤や追加情報を掲載しています。

正誤表　https://www.shoeisha.co.jp/book/errata/

●ご質問方法

弊社Webサイトの「書籍に関するお問い合わせ」をご利用ください。

書籍に関するお問い合わせ　https://www.shoeisha.co.jp/book/qa/

インターネットをご利用でない場合は、FAXまたは郵便にて、下記"翔泳社 愛読者サービスセンター"までお問い合わせください。
電話でのご質問は、お受けしておりません。

●回答について

回答は、ご質問いただいた手段によってご返事申し上げます。ご質問の内容によっては、回答に数日ないしはそれ以上の期間を要する場合があります。

●ご質問に際してのご注意

本書の対象を超えるもの、記述個所を特定されないもの、また読者固有の環境に起因するご質問等にはお答えできませんので、あらかじめご了承ください。

●郵便物送付先およびFAX番号

送付先住所　　〒160-0006　東京都新宿区舟町5
FAX番号　　　03-5362-3818
宛先　　　　　（株）翔泳社 愛読者サービスセンター

はじめに

　テキスト生成AIのChatGPTが登場して、ほぼ1年が経過しました。この1年で、ChatGPTをうまく活用し、回答の精度を上げ、仕事にも便利に活用するさまざまなノウハウも出そろってきました。

　さらに、誰でも無料で利用できるChatGPTに、より高性能で画像生成AIのDALL-Eや各種プラグインが利用できる有料版のChatGPT Plusも登場しました。また、GPTsという独自のGPTが作成でき、他のユーザーや企業などが公開しているGPTも利用できるようになりました。

　ChatGPTは、まさに日進月歩ならぬ秒進分歩で発展しています。会員数は1億3,000万人を超えています。

　ChatGPTは、さまざまな仕事、特に企業での事務作業に活用できることから、作業効率がアップしたというユーザーも多いでしょう。自分なりの活用法を発見し、仕事だけでなく趣味や日常の作業、さらにリスキリングなどにも取り入れ、生産性アップを目指しているユーザーもいるでしょう。

　特に事務作業では、Excelと組み合わせることでさまざまな作業を効率化しているユーザーも少なくありません。前著『10倍速で成果が出る！ChatGPTスゴ技大全』（翔泳社）でも、ChatGPTとExcelとを組み合わせた使い方を紹介しましたが、この部分をもっと実例などを挙げ、詳しく解説してほしいという要望をいただき、本書を執筆することにしました。

　いまや多くの企業で、Excelは手放せないツールになっています。さまざまな業務を、Excelを使って便利に処理しているユーザーもたくさんいます。特に、便利な関数を覚え、数式を駆使することで、これまで何時間もかかっていた作業がほんの数分でできるようになった、というケースも数え切れないほど存在します。

　それらの作業は、さらにExcelのマクロを使えば、もっと効率的で便利になります。とはいえ、マクロまではとても手が出せない、勉強している時間もない、と悩んでいるユーザーも多いのではないでしょうか。

　その悩み、ChatGPTに相談しませんか。やりたいことをChatGPTに質

問すれば、それを実現するための関数や数式、さらにマクロまで即座に回答してくれます。

　やりたいこと、実現させたい機能を具体的にChatGPTに聞けば、そのためのマクロのコードを表示してくれます。このコードをコピー＆ペーストするだけで、これまでは難しくて手が付けられなかった作業も、あっという間にマクロで実現してしまいます。まさに事務作業の自動化です。

　ChatGPTとExcelを組み合わせることで、そこまでExcelに詳しくないユーザーでも、いつもの作業を自動化することが可能になるのです。

　ChatGPTとExcelで、もっと楽に仕事をしたい、データを入力するだけで自動でビジュアル化して分析までさせたい、自動化で仕事の効率をアップしたい──そんな多くのユーザーの皆さんに、本書が参考になれば幸いです。

2024年2月　武井 一巳

Chapter 2

テキスト生成からExcelへ

Chapter 5

ChatGPT が生成した VBA マクロを使う　*195*

Chapter 1

ChatGPT × Excelは最強のビジネスツール

Chat
GPT

生産性を劇的に上げるChatGPT

ChatGPTで何ができるのか？

2022年11月に登場した生成AIのChatGPTは、わずか1週間で会員数100万人を超え、2カ月後には1億人のユーザーが利用する爆発的な人気となりました。

ChatGPTはテキスト生成AI、対話型生成AI、チャットボットなどとも呼ばれるもので、**対話（チャット）形式の文章生成AI**です。生成AIとは、大規模言語モデルを使い、事前に膨大な量のデータを学習させた機械学習モデルです。

この大規模言語モデルにはいくつかの方式が開発されていますが、ChatGPTが利用しているのはGPT（Generative Pre-trained Transformer）と呼ばれるもので、「事前に言語の学習をさせた文章作成機」と訳せます。

もともと米カリフォルニア州に設立された営利法人のオープンAI（OpenAI LP）と、その親会社である非営利法人のOpen AI Inc.がAI分野の開発を行っており、GPT-3という言語モデルを開発。これによって人間と変わらない自然な文章を生成できるようになったのです。

ChatGPTにはGPT-3.5という言語モデルが採用されており、これを利用した生成AIを誰でも無料で利用できます。さらにGPT-4という言語モデルを採用した有料版のChatGPT Plusが利用できます。

▼回答には誤りがあるため注意が必要

コンピュータが文章を生成するといっても、これはコンピュータ自身が考えて文章を作成しているのではなく、事前に膨大な量のデータを学習させておき、質問や命令が与えられると、その回答としてふさわしい文章を単語の出現確率によって並べ、まるで人間が考えて作ったかのような文章を出力してくれるのがGPTです。

　したがって、GPTは人工知能が実用化され、コンピュータが自ら考えるようになった、などといった夢のような話ではなく、学習したデータに従って単語を組み立て、それなりの回答を作り出す機能にすぎません。

　そのため、**ChatGPTの回答にはしばしば誤りが含まれます**。ハルシネーション（幻覚）といって、事実に基づかない情報を生成する現象です。もともと精神医学の用語で、幻覚剤などによってもたらされる人間の幻覚や妄想と同じように、GPTもまた幻覚やウソを回答するのです。

　GPTは、膨大なデータで事前学習されていますが、学習したデータに誤りがあったり、データに偏りがあったりすると、生成される文章にも間違いが含まれるわけです。GPTは、自分が生成した文章の内容が正しいのかどうかは判断できません。単語同士のつながりの確率に基づき文章を作成していくため、その内容が正しいかどうかは判断できず、その結果ハルシネーションが発生してしまうのです。

❶ 注意!!

ChatGPTの回答には誤りが含まれることがある

▼生産性が10倍以上もアップ！

　ChatGPTは大きなブームになっていますが、基本的に生成AIとはこのような仕組みで文章を作り出していると覚えておくといいでしょう。

　しかし、誤りやハルシネーションがあり、平気でウソをつくなどといっても、ChatGPTを利用することで、**これまでの仕事や日常の作業を自動化することができ、仕事の生産性を高めることができるようになりました**。

　実際に利用してみるとわかりますが、たとえば新しく発売する商品やサービスのニュースリリースを作成するとき、これまでなら商品名やその特徴、その商品やサービスによって何ができるようになるのか、価格、開始時期などといった情報をもとに、自社の方式に合うようなニュースリリースやその内容、文章などを考えて作成していたと思います。こうした

作業を終わらせるためには、早くても1日、下手をすれば2〜3日かかることさえあったでしょう。

ところが、前述のような情報をChatGPTに入力し、その情報をもとにニュースリリースを作成してほしいと頼めば、次のようにわずか10秒ほどでちゃんとしたニュースリリースを表示してくれるのです。

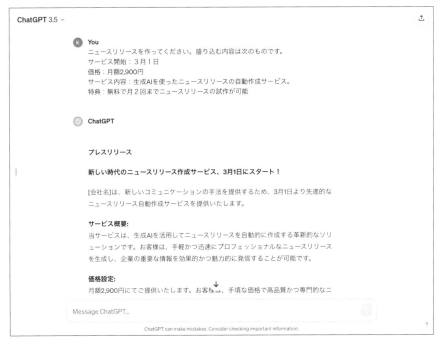

箇条書きで条件を指定するだけでニュースリリースがあっという間に生成され、表示される

もちろん、そのまま利用するには不十分な部分もあるでしょう。しかし、回答されたテキストに手を加えてあげるだけで、即座にいつも通りのニュースリリースに整形できるはずです。いつもなら丸1日、あるいは2〜3日かかっていたニュースリリース作りが、これならほんの1〜2時間で済んでしまうのです。

これがChatGPTに代表される生成AIを活用した仕事のやり方です。仕

事によっては、生産性が10倍以上もアップする部署もあるでしょう。生成
AIを利用したノウハウをマスターすれば、生産性はもちろん、仕事の効率
が驚異的に高まる可能性があるのです。

Point

生成AIを利用したノウハウをマスターすれば、仕事の効率が驚異的にアッ
プする

ChatGPTでテキストを生成させる

コンピュータと会話しながら求める文章を作成していく

　ChatGPTはテキスト生成AIですから、できるのは文章を生成させることです。日本語や英語、あるいは他の言語の文章も生成させることができます。

　さらに、プログラムも生成させることができます。コンピュータプログラムの多くは、文字によるテキストで書いて作成しますが、これも文章だと考えれば、ChatGPTにプログラムを生成させることもできるわけです。

ChatGPTはプログラムを生成することもできる

❶ 注意 ‼

ChatGPTは文章以外のもの、たとえば画像や写真、音声などを生成することはできない

ChatGPTのサービスを提供しているOpenAIからは、画像や写真などを生成する**DALL-E3**も提供されていますが、画像や写真などの生成はこのDALL-E3で利用することになります。これは月額20ドルの有料サービスとなっています。ChatGPTには有料版のChatGPT Plusがあり、このChatGPT Plusに登録しているユーザーなら、DALL-E3を利用して画像を生成させることもできます。

📖 Memo

ChatGPTに画像を生成させるためにはDALL-E3を利用する必要がある

OpenAIの画像生成AI「DALL-E3」を使って画像を生成させる

　ChatGPTはテキストを生成してくれる生成AIですが、そのためにはどんな文章を生成するのか命令してあげなければなりません。これを「**プロンプト**」と呼んでいます。

　ChatGPTにログインすると、画面右側にプロンプトやその回答が表示される画面が表示されていますが、この画面の下のほうに「Message ChatGPT...」と書かれたボックスがあります。このボックスがプロンプトです。ここにChatGPTで生成させたい回答の命令を、文章で記入します。

How can I help you today?

Help me study
vocabulary for a college entrance exam

Make up a story
about Sharky, a tooth-brushing shark superhero

Give me ideas
for what to do with my kids' art

Come up with concepts
for a retro-style arcade game

ビジネス文書に利用できる4月の時候の挨拶を作ってください

ChatGPT can make mistakes. Consider checking important information.

画面下部のボックスに命令を記入する

　たとえば、ここでは「ビジネス文書に利用できる4月の時候の挨拶を作ってください」と指定してみます。

　プロンプトは、なるべく具体的に指定したほうが、ChatGPTが生成して回答してくれる文章も精度の高いものになります。プロンプトの指定が曖昧だと、それだけいい加減、あるいは思っていたものとは違う文章が生成され、表示されてしまいます。

　生成する文章を指定したら、エンターキーを押すか、ボックス右端の「Send message」ボタンをクリックします。すると、ほんの数秒考えたあと、指定した命令に従った文章が生成され、画面に表示されます。

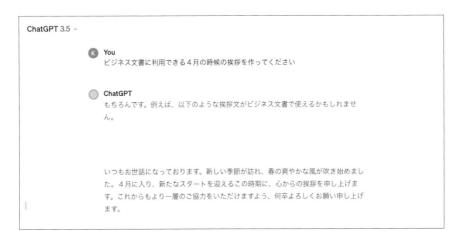

命令に従った文章が表示される

　ChatGPTは「**対話型テキスト生成AI**」です。対話型とは、コンピュータとまるで会話をするような感じで、対話を進められるということです。

　表示されたChatGPTの回答に不満があれば、これもまたプロンプトで命令します。たとえば、「あと2つ、例文を作成してください」「4月ではなく『早春』という単語で作り直してください」といった具合です。

ChatGPT 3.5 ⌄

どのような文脈や相手に向けた文書かによって微調整することもできます。お役に立てれば嬉しいです。

K **You**
あと2つ、例文を作成してください

Which response do you prefer?
Your choice will help make ChatGPT better.

Response 1
もちろんです。以下にもう2つのビジネス文書で利用できる4月の時候の挨拶を示します。

1. **相手が上司やクライアントへの挨拶:**

お世話になっております。春の訪れとともに、新たな気持ちで新しい月を迎えることができました。この4月、これまで以上の成果を上げるため、努力を惜しまず取り組んでまいります。ご指導とご支援のほど、何卒よろしくお願い申し上げます。

Response 2
もちろんです。こちらです。

尊敬する○○様へ、

四季の移り変わりを感じる4月の初めに、お世話になっております。新しい季節の訪れと共に、私たちのビジネスも新たな展開を迎えることを心より願っております。今後とも変わらぬご支援を賜りますよう、お願い申し上げます。

コンピュータと会話を進めることで文章を直していける

　ChatGPTの回答の中で、文章の先頭に番号が振られていた場合は、「○番の文章を直してください」などといった指定も可能です。

　こうしてコンピュータと会話しながら求める文章を作成していくのが、ChatGPTの基本的な使い方です。

📖 **Memo**

無料版のChatGPTは、1日に4,000回という回数制限がある。また、プロンプトで指定できる最大文字数は4,097トークンとなっている。トークンとはChatGPTが内部的に使用する単位で、4,097トークンは日本語で2,000〜3,000文字程度

ChatGPTとExcelを掛け合わせて使ってみる

ChatGPT と Excel は相性抜群

ChatGPTを利用した基本的な文章の生成方法は、どのような文章を生成したいかをプロンプトで指定することですが、その文章の出力方法、つまり**ChatGPTの回答の内容を指定すること**もできます。

たとえば、「日本の人口の多い市町村のトップ10を教えてください」と指定すると、次のように通常は文章として回答してくれます。

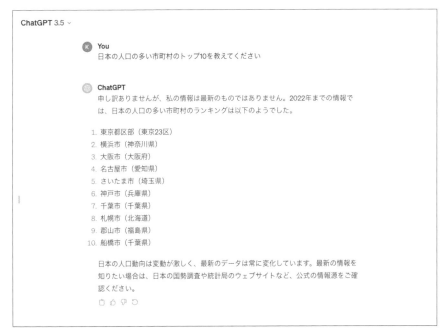

人口の多い市町村のトップ10を表示させてみた

ChatGPTはトップ10の順位がわかりやすいよう、各都市の先頭に番号を付けて回答してくれました。

　一般的な文書で利用するなら、これで構わないでしょう。ところが、このようなランキングは、文書の中なら表形式で挿入したいものです。そこで次のように指定します。

「日本の人口の多い市町村のトップ10を、表形式で教えてください」

　最初に指定して表示された回答のあと、「表形式で表示してください」と指定するだけでも、同じく表形式に直して回答してくれます。

　ChatGPTは対話型テキスト生成AIだと述べましたが、このような会話も可能なのです。

ChatGPT 3.5 ⌄

You
日本の人口の多い市町村のトップ10を、表形式で教えてください

ChatGPT
申し訳ありませんが、最新の情報がありませんので2022年までのデータを元に、人口の多い市町村のトップ10を表形式で示します。ただし、最新の情報は変動する可能性があるので、公式の統計機関や政府機関のデータをご確認ください。

順位	市町村名	所在地	都道府県	人口（推定値）
1	東京都区部	東京都	東京都	約9,730,000人
2	横浜市	横浜市	神奈川県	約3,770,000人
3	大阪市	大阪市	大阪府	約2,730,000人
4	名古屋市	名古屋市	愛知県	約2,330,000人
5	さいたま市	さいたま市	埼玉県	約1,310,000人
6	神戸市	神戸市	兵庫県	約1,540,000人
7	千葉市	千葉市	千葉県	約980,000人
8	札幌市	札幌市	北海道	約1,960,000人
9	郡山市	郡山市	福島県	約330,000人
10	船橋市	船橋市	千葉県	約620,000人

これは2022年の推定人口に基づいたデータであり、最新の統計に基づいた情報とは異なる可能性があります。

□ 👍 👎 ↻　　　　　↓

表形式で回答させることもできる

▼CSV形式で表示させる方法

さらにこの表を、**CSV形式**で表示させてみましょう。CSV形式とは、テキストデータをいくつかのフィールドに分け、カンマやタブなどで区切って記載したデータです。ファイル形式としては「.csv」という拡張子が付けられますが、画面表示したときはカンマやタブなどで区切られた文字だけのデータです。

　ここまで説明するまでもなく、すぐにピンときた読者もいることでしょう。CSV形式で出力されたデータは、表計算ソフトのExcelやGoogleのスプレッドシートなどに簡単に取り込めるのです。

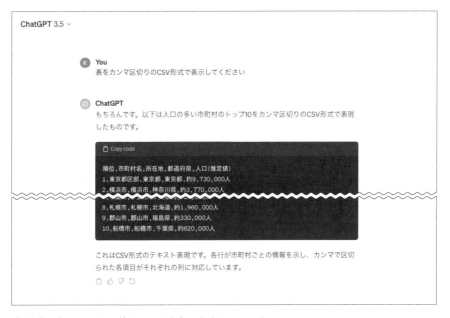

表形式で表示された回答をCSV形式で出力させてみた

　ChatGPTの回答では、一般的にはCSV形式の部分が黒い背景で表示されており、その先頭に「Copy code」と書かれています。プログラミングなどと同じように、ChatGPTではCSVやコード、CSSなど、通常の文章ではなく、プログラミングのコードやスタイルシート、CSV形式のデータと

いったものは黒い背景で表示され、その部分は「Copy Code」ボタンをクリックすることで、パソコンのクリップボードにコピーできるのです。

> **Point**
>
> 「Copy Code」ボタンをクリックすることで、パソコンのクリップボードにコピーできる

　クリップボードにコピーしたら、ExcelやGoogleのスプレッドシートを開き、「貼り付け」機能を指定して表計算ソフトのシートに貼り付けます。
　貼り付けた直後に、貼り付けたデータのすぐ右下に「ペーストのオプション」ボタンが表示されているので、これをクリックします。するとメニューが表示されるので、「テキスト ファイルウィザードを使用する」をクリックします。さらに、「テキスト ファイルウィザード」ダイアログボックスが現れるので、「区切り記号付き」-「カンマ」と選択していき、最後にデータ形式で「標準」を指定して「完了」ボタンをクリックします。

1　Excelに CSV 形式のデータを貼り付ける

	A	B	C	D	E	F	G
1	順位,市町村名,所在地,都道府県,人口（推定値）,,						
2	1,東京都区部,東京都,東京都,約9730000人						
3	2,横浜市,横浜市,神奈川県,約3770000人						
4	3,大阪市,大阪市,大阪府,約2730000人						
5	4,名古屋市,名古屋市,愛知県,約2330000人						
6	5,さいたま市,さいたま市,埼玉県,約1310000人						
7	6,神戸市,神戸市,兵庫県,約1540000人						
8	7,千葉市,千葉市,千葉県,約980000人						
9	8,札幌市,札幌市,北海道,約1960000人						
10	9,郡山市,郡山市,福島県,約330000人						
11	10,船橋市,船橋市,千葉県,約620000人						
12							

2 「テキスト ファイルウィザードを使用する」をクリックする

3 「区切り記号付き」を選択し（①）、「次へ」をクリックする（②）

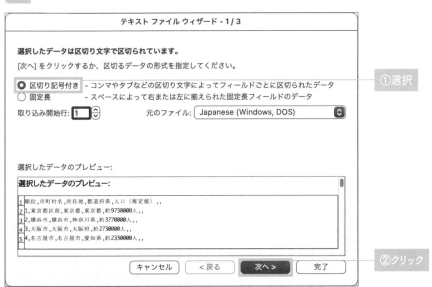

4 「カンマ」を選択し（①）、「次へ」をクリックする（②）

テキスト ファイル ウィザード - 2 / 3

フィールドの区切り文字を指定してください。

区切り文字

☐ タブ　　　　　　　　　　　☐ 連続した区切り文字は 1 文字として扱う
☐ セミコロン　　　　　　　　文字列の引用符: [" 　◉]
☑ カンマ　　　　　　　　　　　　　　　　　　　　　　　　　　①選択
☐ スペース
☐ その他: ☐

選択したデータのプレビュー:

順位	市町村名	所在地	都道府県	人口（推定値）		
1	東京都区部	東京都	東京都	約9730000人		
2	横浜市	横浜市	神奈川県	約3770000人		
3	大阪市	大阪市	大阪府	約2730000人		
4	名古屋市	名古屋市	愛知県	約2330000人		

[キャンセル]　[< 戻る]　[次へ >]　[完了]　　②クリック

---

5 「標準」を選択し（①）、「完了」をクリックする（②）

テキスト ファイル ウィザード - 3 / 3

区切ったあとの列のデータ形式を選択してください。

列のデータ形式

◉ 標準　　　　　　　　　　　　　　　　　　　　　　　　　　①選択
○ 文字列
○ 日付: [YMD ◉]
○ 削除する

[詳細...]

選択したデータのプレビュー:

G/標準	G/標準	G/標準	G/標準	G/標準	G/標準	G/標準
順位	市町村名	所在地	都道府県	人口（推定値）		
1	東京都区部	東京都	東京都	約9730000人		
2	横浜市	横浜市	神奈川県	約3770000人		
3	大阪市	大阪市	大阪府	約2730000人		
4	名古屋市	名古屋市	愛知県	約2330000人		

[キャンセル]　[< 戻る]　[次へ >]　[完了]　　②クリック

> **📖 Memo**
>
> CSV形式で回答させるときに区切り文字としてタブを指定したときは、このダイアログボックスでも区切り文字として「タブ」を指定する。出力したCSVの区切り文字に合わせて、Excelでも正しく区切り文字を指定する必要がある

6 ChatGPTがCSV形式で回答したデータが、Excelの各セルに表形式で取り込まれた

	A	B	C	D	E	F	G	H
1	順位	市町村名	所在地	都道府県	人口（推定値）			
2	1	東京都区部	東京都	東京都	約9	730	000人	
3	2	横浜市	横浜市	神奈川県	約3	770	000人	
4	3	大阪市	大阪市	大阪府	約2	730	000人	
5	4	名古屋市	名古屋市	愛知県	約2	330	000人	
6	5	さいたま市	さいたま市	埼玉県	約1	310	000人	
7	6	神戸市	神戸市	兵庫県	約1	540	000人	
8	7	千葉市	千葉市	千葉県	約980	000人		
9	8	札幌市	札幌市	北海道	約1	960	000人	
10	9	郡山市	郡山市	福島県	約330	000人		
11	10	船橋市	船橋市	千葉県	約620	000人		
12								

　これでChatGPTで回答させた表が、Excelの表に変わりました。**実はChatGPTとExcelとは非常に相性がいいのです。**

　仕事で文書を作成するのに、WordやExcelを利用するユーザーも多いでしょう。特にExcelは、数値を扱うときに欠かせないソフトです。経費の精算や新プロジェクトの企画書、あるいはマーケティングのための資料など、さまざまな場面でExcelを利用しているのではないでしょうか。

　ChatGPTで文章を生成し、これを表形式（CSV形式）で表示させ、そのままExcelに貼り付けて作業を行う。こうしてChatGPTとExcelを組み合わせることで、何倍も仕事の効率が上がり、生産性も向上するはずです。

ChatGPT × Excel で何ができるのか?

全部で5つの使い方がある

　ChatGPTの回答をCSV形式で出力すれば、生成したテキストのデータをそのままExcelに貼り付けて利用できるようになりますが、ChatGPTとExcelを連携して利用する方法には、他にもいくつかの方法があります。

① **ChatGPTで生成したテキストをExcelに貼り付ける**
② **Excelの関数をChatGPTで調べる**
③ **ExcelのマクロをChatGPTで生成する**
④ **アドインでExcelの関数として利用する**
⑤ **VBAのプログラムでChatGPTを使う**

　この5つの方法が、ChatGPTとExcelを組み合わせて利用するときのコツです。
　ChatGPT初心者やExcel初心者にとって、ChatGPT × Excelという利用法は難しいと感じるでしょう。しかし、仕事でExcelを利用するなら、ChatGPTと組み合わせることで、必ず仕事の効率を上げられるので使わない手はありません。

▼組み合わせて使えばさまざまな場面で活用できる

　それぞれについて簡単に説明しておきましょう。まず①ですが、これは前節で説明した通りです。ChatGPTの回答をCSV形式で出力させれば、これらはすべてExcelの表として活用できるようになります。
　②は、文字通りExcelの関数をChatGPTで調べる方法です。Excelでは**いかに賢く関数を利用するか**が、正確に、しかも効率よく仕事をこなすた

めの鍵となります。よく使う関数ならわかりますが、たまにしか使わない関数では、どのように指定すればよいのか不明でしょう。ChatGPTに関数の使い方を具体的に説明すれば、どのような関数を使えばいいのか、あるいはその関数は引数として何を指定すればいいのか、といった点も例を示しながら説明してくれます。

③のようにマクロを生成することも可能です。Excelではマクロを利用することで、もっと複雑な作業を行えるようになります。また、マクロを実行することで、さまざまな操作を自動化することも可能です。

ところがExcelのマクロは、VBA（Visual Basic for Applications）というプログラミング言語で指定します。それなりに勉強しなければ、マクロを作成できません。あるいは、すでにマクロが使われているシートなどでは、そのマクロがどのような動きをしているのか判断するのも大変でしょう。自分の仕事に合わせてマクロを改造するにも、VBAの知識が必要になります。

これらのVBAやマクロについて、**関数と同じようにChatGPTに質問したり、機能や操作を指定したりして、マクロそのものを生成させる**といったことも可能なのです。

4つ目は、「④アドインでExcelの関数として利用する」方法です。Excelでは、ChatGPTを関数として指定し、いくつかの操作を行うアドインが配布されています。これらのアドインを利用し、また関数としてうまく活用すれば、**Excelでの仕事や書類作りも大幅に効率アップします。**

最後の⑤は、ChatGPTの**APIを利用する**方法です。APIとは、Application Programming Interfaceの頭文字をとったもので、プログラムやサービスなどを連携して利用できるようにした仕組みです。APIを利用することでChatGPTを外部から使えるようにしたもので、Excelと組み合わせる場合はVBAで指定してChatGPTを動かし、その結果をExcelに取り込む、といった手順で利用することになります。

ChatGPTとExcelを組み合わせて利用する方法は、このようにいくつかあります。ChatGPTとExcelを組み合わせれば、いつもの仕事がもっと便利に、もっと効率よく行えるようになるでしょう。

ChatGPTが
得意なこと、苦手なこと

文章作成は得意、計算は苦手

　ChatGPTとExcelを組み合わせて利用してみる前に、ChatGPTが得意なこと、逆に苦手なことにはどのようなことがあるのかを押さえておきましょう。**得意・不得意を知り、それを把握しておけば、Excelとどう組み合わせれば効率よく利用できるかがわかるからです。**

　前述のように、ChatGPTはテキスト生成AIですから、文章を作ること、会話をすることなどは当然得意です。これは日本語だけでなく、英語や他の言語でも同じです。しかも、さまざまな言語が使えるため、日本語を英語に翻訳したり、逆に英語を日本語に翻訳したり、さらに中国語を英語に翻訳してその結果を日本語で表示する、などといったことも可能です。海外の人とのやり取りが多い場合、ChatGPTは大いに威力を発揮してくれます。

　長い文章を要約するのも、ChatGPTは得意です。無料版のChatGPTでは、プロンプトに2,000〜3,000文字程度が指定できるので、2,000文字程度の文章を貼り付け、「400字で要約してください」などと指定すれば、簡単に要約してくれます。

❶注意‼

生成する文字数を指定しても、ChatGPTは正しく文字数を守ってくれない。特に短すぎる文字数や、逆に長すぎる文字数を指定したとき、ChatGPTはうまく指定した文字数に収まるよう、テキストを生成してくれない

▼ChatGPTは計算が苦手!?

　文字数に関連しますが、ChatGPTは**数学が苦手**なようです。もちろん、単純で簡単な計算問題などは即座に正解を出してくれますが、たとえば4桁の掛け算などを指定すると、間違った答えを返してきます。コンピュータなのに、計算が苦手なのは不思議に思うかもしれませんが、ChatGPTはテキスト生成AIです。文章を生成するのが目的で、計算そのものは苦手なのです。数字や計算そのものを、テキストとして認識して処理するからでしょう。

4桁の計算を指定すると途端に間違い出す

▼文章の加工は得意

　翻訳や要約が得意なように、**文章の加工**も得意です。「です・ます調」で書かれた文章を「である調」に変更する、などといったことも簡単にやってのけます。

　要約だけでなく、**文章そのものを簡潔にする**こともできます。たとえば、人工知能について説明するとき、プロンプトに「人工知能はどのようなシステムで動くのですか」と指定すると、ChatGPTはかなり専門的で詳しい説明を回答してくれます。

ところが、この説明はChatGPTや生成AI、人工知能などについてそれなりの知識がある人が読むのならいいのですが、まったく知識のない人や、難しい文章そのものを読み慣れていない人にはわかりづらいことがあります。

　そんなときは、「小学3年生にもわかるよう、簡単に説明してください」といった具合に指定すると、ChatGPTはちゃんとわかりやすい文章で回答してくれます。

「小学3年生にもわかるよう、簡単に説明してください」と指定すると、わかりやすく回答してくれた

　逆に、回答が簡単すぎる場合は、「もっと専門的に」と指定すると、より詳しい回答が得られます。さらに、専門的で詳しい回答がほしいときは、最初に「あなたは○○の専門家です」と**ChatGPTの立場を設定して命令する**と、指定した内容に沿って詳しい説明を得られやすくなります。

Point
ChatGPTからの回答が簡単すぎるときにはChatGPTの立場を設定して命令すると、指定した内容に沿って詳しい説明を得られやすくなる

▼創作はそれほど苦手ではない

　ChatGPTは大規模言語モデルのGPTを採用しています。無料版では GPT-3.5が、有料版ではGPT-4が採用されています。

　このGPTは、事前に膨大な量のデータを学習させ、その学習に従って ユーザーの命令に対する回答を導き出してくれます。事前に学習している データは、さまざまな文献やインターネット内にあるテキストです。これ らのデータは過去のものですから、ChatGPTは過去のことについてはよく 知っていますが、逆に未来のことについては知らないし、予測もできません。

　無料版のChatGPTは、2021年9月までのデータを学習していますが、 10月以降のことは学習していません。つまり、2021年10月以降の出来事 は質問しても答えられないのです。

　有料版のChatGPTにはGPT-4が利用されていますが、こちらは2022年 1月までのデータで事前学習されています。こちらも2022年1月までの ことは答えられますが、それ以降のことは答えられません。

> **Memo**
>
> ChatGPTは有料版でも2022年1月以降の事柄については答えられない が、インターネットを検索して回答を生成させれば、2022年1月以降のこ とでもテキストを生成させることはできる

　ChatGPTとExcelを組み合わせて活用する上ではほとんど支障はありま せんが、ChatGPTは前例があるものや過去のことは得意ですが、**正解のな いもの、直感や感性、あるいは未来のことなどは苦手**です。

　ただし、創作はそれほど苦手ではありません。というのも、ChatGPTは 文章を作り出すことを目的とするAIだからです。ChatGPTの回答そのも のが創作物だといってもいいでしょう。

　これらのことを踏まえ、ChatGPTとExcelを組み合わせるときにどのよ うな回答を生成させ、それをどう活用するかを考えてみるといいでしょう。

新しいチャットとチャット履歴

操作画面を確認する

　ChatGPTでは会話、つまり**ChatGPTとのやり取りが、履歴として残されます**。Excelと組み合わせても特にメリットはありませんが、ChatGPTを利用する上では便利な点ですから、ぜひ覚えておくといいでしょう。

▼ChatGPTの画面構成

　ChatGPTにログインすると、最初は「How can I help you today?」と書かれた画面が表示されます。画面は大きく左右に分かれており、ChatGPTへの命令とその回答は右側画面に表示されていきます。

　画面左側には、いくつかの項目が表示されています。上に「New chat」という項目があります。さらに下のほうに「Upgrade plan」「(名前)」の2つの項目があります。

　「Upgrade plan」とは、ChatGPTの有料版であるChatGPT Plusに登録するための項目です。この項目をクリックし、現れた「Upgrade your plan」ダイアログボックスで、**有料版のChatGPT Plusにアップグレードできます**。また、現在自分が参加しているプランを確認することもできます。

　「(名前)」とは、ログインしているユーザーの名前が書かれた項目です。この項目をクリックすると、次ページのようにさらにいくつかのメニューが表示されます。

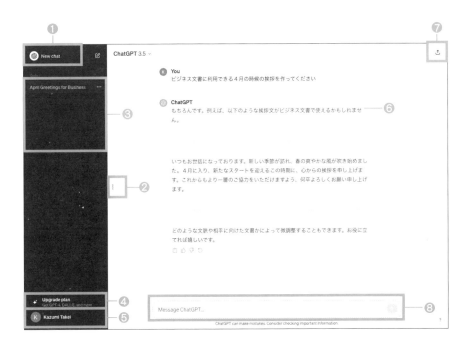

項　　目	内　　容
❶新チャットの追加	新しいチャットを始める
❷サイドバー切り替えボタン	サイドバーの表示／非表示の切り替え
❸チャット履歴	これまでのチャットの履歴
❹アップグレードメニュー	現在のプランと有料プランへのアップグレードメニュー
❺ユーザー名	現在のユーザー名
❻チャット内容	ユーザーのプロンプトと ChatGPT の回答
❼チャットの共有	チャットを共有するリンクのコピー
❽メッセージ	ユーザーの質問やメッセージを入力する

項　目	内　容
❶ Custom instructions	・ プロンプトの命令をカスタマイズする設定 ・ いつもプロンプトで指定するような命令はここで設定しておくと便利
❷ Settings	・ ChatGPT画面のテーマを変更する ・ プロンプトに入力したデータなどを、ChatGPTの学習に利用するかどうかを設定する
❸ Log Out	クリックすると、ChatGPTからログアウトする

📖 Memo

改めてログインし、続きから使うこともできるので、特にログアウトする必要はないが、会社のパソコンでChatGPTを利用するようなときは、作業が終わったらログアウトしておくと安全

　ChatGPTで会話を行うには、右側画面の下にあるボックスに、ChatGPTで生成してもらいたいテキストの内容や、そのための命令、指示、あるいはデータなどを記入します。

　たとえばここでは、「日本の人口の多い都市を多い順に10都市挙げてください」と記入し、右端の矢印ボタンをクリックしてみましょう。すると、次のようにほんの数秒で、あなたが与えた命令と、ChatGPTの回答が表示されます。

命令を指示すると回答が表示される

　ChatGPTの回答が表示されたら、画面左側の欄を確認してください。「New chat」のすぐ下に項目が追加されているのがわかるはずです。

　項目名には「都市人口上位10」などと書かれています。いま質問や命令、指示したプロンプトを要約したいわばタイトルです。ChatGPTで会話を行うと、**自動的にタイトルが付けられて履歴として表示される**のです。

このまま会話を続けてもいいのですが、別の話題や命令、指示なら、別の会話を始めたいものです。こんなときは、先頭の「New chat」をクリックします。すると新しいChatGPTの画面に変わるので、右側の画面の下にあるボックスに、指示や命令などを記入して会話を行います。

　2番目の会話にも、タイトルが付けられて左側の画面に表示されます。ChatGPTは、会話を続けていくと交わされた会話の内容を覚えており、内容に沿った回答をしてくれるのです。先の例なら、「では11番目の都市はどこになりますか」といった具合に、会話を続けて回答を得ることができるわけです。

　この会話の履歴、どのようなテーマで会話を行ったのか、その履歴が左側画面に追加されています。長い文章を読み込ませて行った会話などは、履歴をクリックしてその会話を続けたほうがずっと効率的です。

> 🖐 **Point**
>
> ChatGPTは、会話を続けていくと交わされた会話の内容を覚えており、内容に沿った回答をしてくれる

▼ChatGPTの履歴

　ChatGPT画面の左側に表示されている会話の履歴は、ユーザーが項目名を変更したり、履歴を削除したりすることもできます。

　履歴の項目をクリックすると、履歴名の右端に「...」というメニューボタンが表示されます。このボタンをクリックすると、いくつかの項目が表示されます。次のようなものです。

会話の履歴メニュー

項　目	内　容
❶ Share	クリックすると、会話の内容をクリップボードにコピーし、別のソフトやサービス、メールなどに貼り付けて共有できる
❷ Rename	・履歴名を変更する ・何も設定しなくても、ChatGPTはユーザーとの会話を自動的に名前を付けて保存してくれるが、履歴名を見てもどんなテーマや会話なのかわからないときには、このメニューから内容がわかりやすい名前に変更しておくとよい
❸ Archive chat	・会話を専用の領域に保存する ・クリックすると、指定していた会話はアーカイブされ、履歴から消えてしまう ・古い会話をアーカイブしたいときに便利 ・アーカイブされた会話は、「Settings」メニューの「General」欄に「Archived chats」メニューがあり、ここで履歴に戻したり、不要なら削除したりすることもできる
❹ Delete chat	指定している会話の履歴を削除する

ビジネス利用上の注意点

初期設定や著作権に注意が必要

　ChatGPTは誰でも無料で利用できるテキスト生成AIですが、仕事に使うときなどに注意したい点があります。

　前述のように、ユーザーがプロンプトで指定したり、あるいはプロンプトに読み込ませたりしたテキストなどは、**初期設定のままではChatGPTの学習に利用されること**です。

　ChatGPTは機械学習を行い、それによってテキストを生成しています。学習させるデータは膨大な量のテキストで、論文や書籍、あるいはさまざまな文書といったもののほか、インターネット内のテキストなどです。さらに、ユーザーが入力したプロンプトの命令や、独自に読み込ませたデータ、書類、テキストといったものも、機械学習に利用されるようになっています。

　会社や仕事でChatGPTを利用するとき、プロンプトに命令する文章や、ChatGPTに読み込ませるデータの中には、外部に知られてはいけないものや社外秘のようなものもあるでしょう。

　これらのデータがChatGPTの機械学習に利用されると、他のユーザーの指定によって生成された回答の中で再利用される可能性もあります。

　もちろん、膨大な量のデータの中から、あなたが読み込ませたテキストやデータが再利用される確率は低いかもしれません。しかし、ユニークなデータであればあるほど、他のユーザーの質問に対する回答として利用される可能性も高いのです。

　特に社外秘のデータを扱うときに限らず、**仕事に利用するなら、あなたが入力した命令や読み込ませたデータが学習に利用されないよう設定しておく**必要があります。

　この設定は、ユーザー側で行うことができます。ChatGPT画面の左側、

最下部にユーザー名が表示されています。このユーザー名をクリックすると、いくつかメニューが表示されるので、この中から「Settings」をクリックします。すると「Settings」ダイアログボックスが現れます。

　このダイアログボックスで、「Data controls」をクリックし、「Chat history & training」項目の右端ボタンをクリックし、無効に変更しておきましょう。ボタンが左端に移動し、グレーになっていれば、チャット履歴とトレーニング機能は無効です。逆に、ボタンが右端にあってグリーンになっていればこの機能は有効で、チャット内容がChatGPTの学習に利用されます。

① 注意‼

仕事でChatGPTを利用する場合、入力した命令や読み込ませたデータが学習に利用されないよう設定しておく必要がある

1　ユーザー名のメニューから「Settings」をクリックする

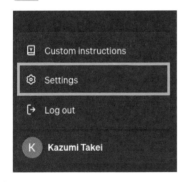

2 「Data controls」をクリックし（①）、「Chat history & training」の
ボタンを無効にする（②）

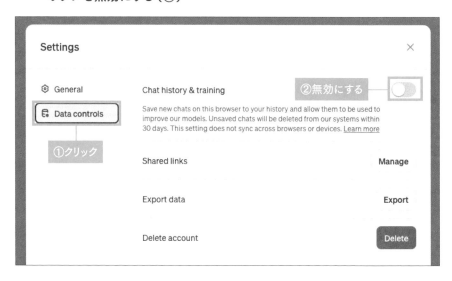

▼著作権にも注意が必要

　もうひとつ、仕事やビジネスにChatGPTを利用する場合、**著作権にも留
意する**必要があります。

　再三記すように、ChatGPTでは事前に膨大な量のデータを学習させてい
ます。その中には、他の著者の創作物やネット上の記事といったものもあ
ります。プロンプトで指定した内容に沿ってChatGPTが返す回答の中に
は、こうした他人の著作物の一部やネットに掲載されている記事の一部な
どが含まれる可能性があるわけです。

　そのため、ChatGPTの回答をそのまま取り込み、公表してしまうと、他
人の著作権を侵害して訴えられる可能性があるのです。この点には十分に
注意し、ChatGPTの回答を仕事やビジネスに利用する場合は、他人の著作
権を侵害していないか必ず確認する必要があります。

　なお、ChatGPTが出力したテキストを、自分の著作物の中で利用するこ
とは認められています。ChatGPTの利用規約には、ChatGPTが回答したコ

ンテンツに関するすべての権利は、ユーザーに譲渡するという文章があり、運営元の OpenAI が著作権を主張することはない、とあります。

　極端な話、ChatGPT を利用して作成したコンテンツを、自分の著作に利用したり、それを販売したりしても問題はないということです。もちろん、それが他人の著作権を侵害していないかどうかは、よく確認する必要があります。

　ChatGPT を利用すれば、これまで時間がかかっていた文書作りの時間を、大幅に短縮できます。仕事の効率化につながります。大幅に効率化されれば、同じ時間でこれまでの何倍もの仕事がこなせます。生産性が大きくアップするのです。

　さらに、ChatGPT と Excel を組み合わせれば、独自に ChatGPT でテキストを生成するよりもずっと効果的に仕事を進められるようにもなります。どのように組み合わせていけばいいのか、次章から詳しく解説していきます。

Chapter 2

テキスト生成から
Excelへ

Chat
GPT

ChatGPTは Excelの強力な武器になる

ChatGPT × Excel という組み合わせで仕事の効率をアップする

　すでにChatGPTを毎日の仕事の中で活用しているユーザーも少なくないでしょう。これまでのGoogle検索の代わりに使ったり、ちょっとした文章を作成させてみたり、あるいはビジネス文書のひな形を作らせたりと、さまざまな用途で活用しているのではないでしょうか。

　しかし、実際に使ってみて、この程度のものなのか、とがっかりしているユーザーもいるようです。ChatGPTはテキスト生成AIですから、質問や指示を与えると、それに対応する回答を返してくれます。そのため、ビジネス文書などのテキストに関連したものを作成するときには便利ですが、それ以外の仕事や作業ではほとんど役に立たないと思うのでしょう。

　そのように感じている人たちにぜひ試してもらいたいのがExcelと組み合わせて活用する方法です。たとえば、マーケティングのために商品の販売分析をする場面を考えてみましょう。分析やその分析結果を文書にするとき、スプレッドシートで作成した表を挿入したり、表計算ソフトで数値の分析を行ったりするケースは少なくありません。説得力のある文書を作成するためには、表やグラフの活用は不可欠です。

　その表やグラフ、あるいは数値分析といった作業で活用できるのがExcelです。Excelを使って経費を精算したり、簡単な表を作成したりして合計や平均を出すといった作業を日常的に行っている人も多いでしょう。

　Microsoft社のExcel、Googleドキュメントで利用できるGoogleスプレッドシート、Apple社のNumbersといったアプリケーションソフトがそうした作業によく利用されています。しかしExcelなどは、表計算ソフトと呼ばれる分野に分類されるソフトで、数値データの集計や分析などに利用されます。ただ表を作成したり数値を計算・集計したりするだけのソフトで

はありません。

　複雑な計算を行い、集計をし、それらの数値の分析を行い、さらに将来予測まで行い、集計した表や分析した数値に従ってグラフを自動で作成したり、あるいは作成した表を数値によって並べ替えたり、必要な部分のみを抽出したりと、さまざまな機能を備えています。それらの表計算ソフトの機能を活用できている人はどれだけいるでしょうか。

▼ ChatGPTでExcel操作の悩みもたちどころに解決！

　表を作成したり、ちょっとした簡単なグラフにしたり、顧客名簿のような表を作成するのは簡単ですが、数値の分析や複雑な計算を行わせるためには、関数やマクロ、あるいはピボットテーブルやオートフィルターなど、まだ使ったことのない難しい機能を使う必要があり、そこまで手が出せないというユーザーも多いことでしょう。

　そこで活用できるのが、ChatGPTなのです。Excelのあまり使ってこなかった関数やマクロ、あるいはさまざまな機能といったものも、**ChatGPTに尋ねれば即座にその機能や使い方といったものを解説してくれます。**

　これまでなら、難しい関数や機能を使おうと思ったら、ヘルプを探したりネットで検索してみたりと、使うまでの準備が大変でした。それがChatGPTとExcelを組み合わせれば、たちどころに解決するのです。

　Excelを使えばこれまでの仕事が効率化させられますが、ChatGPTもまた仕事の効率をアップしてくれます。そして、ChatGPT × Excelという組み合わせなら、仕事はさらに何倍も効率アップするのです。

Point

Excelのさまざまな機能もChatGPTに尋ねれば、たちどころに使い方がわかる

基本的なプロンプトの書き方

ChatGPT を Excel 操作に精通するプロにする

　前章で紹介したように、ChatGPT と Excel を組み合わせて利用するときのコツは、大別すると5つあります。そのうちのひとつが、**ChatGPT で生成したテキストを Excel に貼り付ける方法**です。

　もちろん、単純に ChatGPT の回答を Excel のセルに貼り付けても構わないのですが、ChatGPT なら CSV 形式で回答を出力させることができます。CSV で出力させた回答なら、Excel に表として簡単に取り込めるのです。

　そこで、まず**ChatGPT の回答を Excel に取り込む方法**を紹介していきましょう。

▼ ChatGPT を Excel 操作のプロにする魔法の呪文

　ChatGPT では、たとえば Excel の機能について質問してみるといいでしょう。あるいは、ちょっとした作業を行うためにどのような関数を利用すればいいのか、といったことを尋ねてみます。このとき必ず指定しておきたいのが、次の呪文です。

「あなたは Excel 操作の専門家です」

　ChatGPT に質問や指示を出すとき、**ChatGPT がどのような立場なのかを明確に指示しておく**のです。この指示によって、ChatGPT は Excel の操作に精通するプロのような立場で、あなたの質問に回答してくれるようになります。

　もちろん、この一文を指定しなくても、詳しく回答してくれることもあります。簡単な質問なら、「Excel の専門家」でなくてもそれなりの回答をしてくれます。けれども、明確に ChatGPT の立場を設定しておけば、Excel

についてかなり突っ込んだ質問をしても、即座に正しい回答を返してくれる可能性が高くなるのです。

　なお、質問や指示を記入するたびに、「あなたはExcel操作の専門家です」と冒頭に記入するのは面倒です。こんなときは**カスタマイズ機能**を利用して、ChatGPTがExcel操作の専門家だと最初に教え込んでおきましょう。

　ChatGPTの画面の左側下部に、ユーザー名が表示されています。この名前をクリックするとメニューが表示されるので、「Custom instructions」を指定します。

　ユーザー名をクリックして表示されたメニューから、「Custom instructions」（日本語に変更しているときは「カスタム指示」）を指定すると、「カスタム指示」ダイアログボックスが現れます。

　このダイアログボックスには上下2つのボックスがありますが、上のボックスには「Excelの初心者です」「Excelを仕事に使います」など、ChatGPTに覚えておいてほしい質問者の立場やChatGPTを利用する目的などを記入しておきます。もちろん、必要なら記入しておけばよく、特に記入しておかなくても構いません。

　ダイアログボックスの下のボックスには、ChatGPTにどのような立場で回答してほしいかを記入します。ここでは、「Excelの操作の専門家として回答してください」と記入しておきました。

　これで「保存」ボタンをクリックすれば、以後はChatGPTがExcel操作の専門家として回答してくれるようになります。これでプロンプトでいちいち回答者の立場を指定する必要はなくなります。

1 ユーザー名をクリックし（①）、「Custom instructions」を指定する
（②）

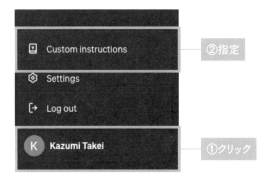

「Settings」メニューを指定して「Settings」ダイアログボックスで「General」
-「Locale(Alpha)」の項目で「Ja-JP」を指定しておくと、ChatGPTの画
面やダイアログボックスなどの表示が日本語で表示されるようになるの
で、先に変更しておくとよい

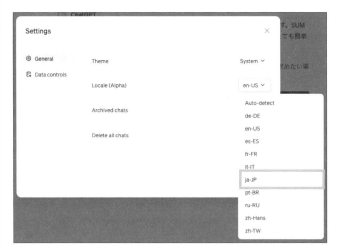

Settingsダイアログボックスで Locale の項目を「ja-JP」に設定する

2 ChatGPTの回答者としての立場を記入し（①）、「保存」をクリックする（②）

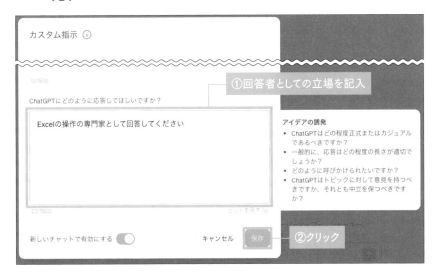

ChatGPTは表・CSV出力ができる

ChatGPTからの回答をExcelに取り込む

　ChatGPTに質問や指示を指定すると文章で回答してくれますが、これをExcelに取り込むときは、**回答を表にするか、またはCSV形式で表示してくれるように指定しましょう。**

　CSV形式とは、各項目をタブ、スペース、カンマ（ , ）、セミコロン（ ; ）などの記号によって区切られたデータです。このうちExcelが対応しているのはタブ、セミコロン、コンマ（カンマと同じ）、スペースの各文字や記号で、さらにユーザーが設定した区切り文字が利用できます。

　一般的にはタブやカンマが多く、Excelもこれらの区切り文字に対応しているので、区切り文字にカンマを使ってくれるように指定すればいいでしょう。

　たとえば、日本全国に支社がある企業や、全国に顧客がいる商品などでは、都道府県別の表を作成するケースも多いでしょう。こんなとき、これまでなら北海道から始めて沖縄まで記憶や地図を頼りに手入力していたのではないでしょうか。

　ところが、ChatGPTに指定するだけで、簡単にCSV形式で都道府県名を表示してくれます。次のように指定します。

> 日本の都道府県とその県庁所在地を北から順に一覧表示してください。なお、一覧はカンマ区切りでお願いします。

北海道, 札幌市
青森県, 青森市
岩手県, 盛岡市

宮城県, 仙台市

秋田県, 秋田市

山形県, 山形市

（以下、略）

　このChatGPTの回答の一覧部分をコピーし、Excelを起動して表に貼り付けます。貼り付けると「ペーストのオプション」ボタンが現れるので、これをクリックし、メニューから「テキスト ファイルウィザードを使用する」を指定します。すると、「テキスト ファイルウィザード」ダイアログボックスが現れます。コピーしたCSV形式のデータを表形式として貼り付けたいので、「区切り記号付き」を指定して次画面で「カンマ」を有効にし、データ形式を「標準」に指定して「完了」ボタンをクリックします。

　これで都道府県とその県庁所在地を記入した表が、一瞬で作成できました。

1 「ペーストのオプション」ボタンをクリックして「テキスト ファイルウィザードを使用する」を指定する

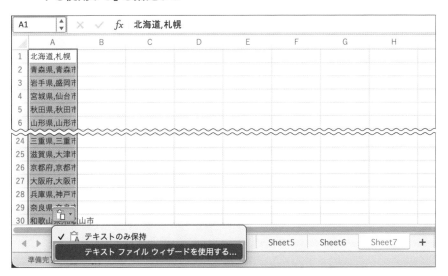

2 「区切り記号付き」を選択し（①）、「次へ」をクリックする（②）

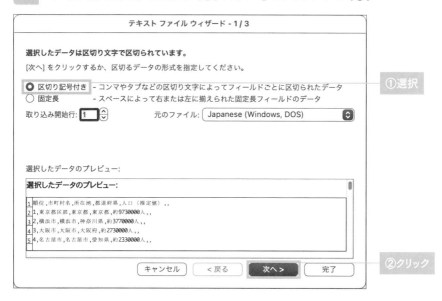

3 「カンマ」を選択し（①）、「次へ」をクリックする（②）

4 「標準」を選択し（①）、「完了」をクリックする（②）

5 都道府県と県庁所在地の表が作成された

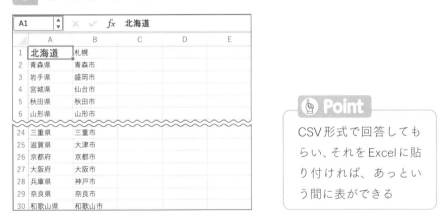

Point

CSV形式で回答してもらい、それをExcelに貼り付ければ、あっという間に表ができる

　ChatGPTとExcelを組み合わせて利用するときは、このCSV形式での回答と貼り付けが便利なのです。これだけで簡単な表は一瞬で作成できてしまいます。ChatGPT × Excelがいかに効率的かおわかりでしょう。

Excelで書類のひな形を作る

作業の下準備を整える

　ChatGPTを利用すれば、回答をExcelに貼り付けるだけで面倒な作業なしに表が作成できますが、ChatGPTでは**表そのものを作成させること**もできます。Excelを使わなくても、ChatGPTが表を作成してくれるのです。ChatGPTのこの機能は、事務作業の強力な戦力になります。

　たとえば、出張の経費精算書をExcelで作成したいとします。いつも利用している経費精算書なら、その形式はすぐに呼び出せるでしょう。ところが、めったに出張がない部署だったり、定形の精算書がない会社などでは、この経費精算書の形式から作成しなければならないこともあるでしょう。こんなときには、ChatGPTに作らせてしまうのです。

 出張の経費精算書を作りたいのですが、必要な項目を表形式で作成してください。

 了解しました。出張の経費精算書を作成するための一般的な項目を表形式で示します。

項目	説明
日付	出張した日付
出張先	出張した場所の名称
交通費	移動にかかった費用（交通機関、タクシーなど）
宿泊費	宿泊したホテルや宿泊施設の費用
食事費	出張中の食事代
その他経費	その他の出張に関連する費用（通信費、書類代など）
領収書/レシート	各費用に関する領収書やレシートの添付
合計	出張全体の費用合計
承認者のサインまたは承認者の名前	出張経費精算書を承認する人のサインまたは名前

これらの項目は一般的な出張経費精算書の基本的な要素ですが、組織や会社によって異なる場合があります。特定の要件や会社のポリシーに基づいて、必要な情報を追加することもありますので、その点も確認してください。

これまで出張のための経費精算書など書いたことがなくても、これでひな形が作成できてしまいました。各項目に間違いがないか、必要な項目が抜けていないか、不要な項目がないか、といった点をチェックしておきましょう。もっとも、本当に初めて経費精算書を作成する場合なら、これらの項目のチェックも難しいはずです。ここはChatGPTの回答を信じてもいいでしょう。

▼どんな場面でも利用できる指定法

この精算書のひな形を、ChatGPTには表形式で作成してもらいました。そのほうが出来上がりのイメージが浮かびやすいからです。ただし、このままではExcelに取り込むのは面倒です。

そこで、この会話に続けて、「表部分をカンマ区切りのCSV形式で表示してください」と指定してみました。

表部分をカンマ区切りのCSV形式で表示してください。

了解しました。以下は、表をカンマ区切りのCSV形式で表現したものです。

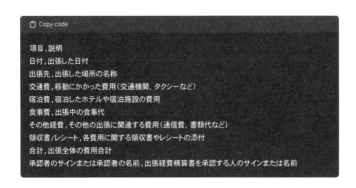

```
 Copy code

項目,説明
日付,出張した日付
出張先,出張した場所の名称
交通費,移動にかかった費用(交通機関、タクシーなど)
宿泊費,宿泊したホテルや宿泊施設の費用
食事費,出張中の食事代
その他経費,その他の出張に関連する費用(通信費、書類代など)
領収書/レシート,各費用に関する領収書やレシートの添付
合計,出張全体の費用合計
承認者のサインまたは承認者の名前,出張経費精算書を承認する人のサインまたは名前
```

これは、各項目とその説明をカンマで区切ったCSV形式です。

CSVで出力されたものは、CSV部分上部の「Copy code」ボタンをクリックすると、クリップボードにコピーされます。コピーされたらExcelを開き、[Ctrl]+[V]キーでセルに貼り付け、そのとき表示された「ペーストのオプション」ボタンをクリックし、「テキスト ファイルウィザードを使用する」を指定します。現れた「テキスト ファイルウィザード」ダイアログボックスで58ページと同様に区切り記号などを指定します。

| A1 | fx 項目,説明 |

	A	B	C	D	E	F	G	H
1	項目,説明							
2	日付,出張した	日付						
3	出張先,出張し	た場所の名称						
4	交通費,移動に	かかった費用（交通機関、タクシーなど）						
5	宿泊費,宿泊し	たホテルや宿泊施設の費用						
6	食事費,出張中	の食事代						
7	その他経費,そ	の他の出張に関連する費用（通信費、書類代など）						
8	領収書/レシート	,各費用に関する領収書やレシートの添付						
9	合計,出張全体	の費用合計						
10								
11								
12	✓ テキストのみ保持							
13	テキスト ファイル ウィザードを使用する...							
14								

「テキスト ファイルウィザード」をクリックする

これでいまChatGPTが作成してくれた経費精算書がExcelの表になって
います。不要部分を削除し、必要なセルに日付や数値を記入するだけで、
即座に経費精算書が作成できます。

	A	B	C	D	E	F
1	項目	説明				
2	日付	出張した日付				
3	出張先	出張した場所の名称				
4	交通費	移動にかかった費用（交通機関、タクシーなど）				
5	宿泊費	宿泊したホテルや宿泊施設の費用				
6	食事費	出張中の食事代				
7	その他経費	その他の出張に関連する費用（通信費、書類代など）				
8	領収書/レシート	各費用に関する領収書やレシートの添付				
9	合計	出張全体の費用合計				
10	承認者のサインまたは承認者の名前	出張経費精算書を承認する人のサインまたは名前				
11						

Excelで経費精算書が作成できた

この**「必要項目を挙げてください」**という指定は、もちろん経費精算書
やそれらのひな形を作りたいときだけの指定ではありません。企画書や営
業報告書、ニュースリリースなど、**どんな場面でも利用できる指定**です。
　たとえばニュースリリースでは、「新製品を発売するときのニュースリ
リースの内容で、記入しておくべき必要項目を挙げてください」といった
具合に指定するだけで、ニュースリリースのひな形を作成してくれます。

**新製品を発売するときのニュースリリースの内容で、記入しておくべ
き必要項目を挙げてください。**

新製品の発売に関するニュースリリースには、以下のような情報が含
まれることが一般的です：

1. **タイトル**：新製品名や特徴を強調したタイトル
2. **発表日**：ニュースリリースの日付
3. **会社名**：製品を発売する企業の正式な名前と情報
（中略）

10. **製品画像**：製品の画像やデザインの写真

11. **お問い合わせ先**：製品に関するお問い合わせ先や連絡先情報

これらの情報を含めることで、メディアや顧客に向けた明確で包括的な発表を行うことができます。

　日常的な業務なら、このようにChatGPTに命令するだけで、ほとんどの作業の下準備が整ってしまいます。

　これまで実際の作業に取りかかるまでの下準備に、時間ばかりとられて効率が悪い、などと思っていた人も多いのではないでしょうか。さまざまな書類のひな形を作ったり、以前に作成したひな形を探したり、新たに考えながらひな形を作ったり、そんな時間はもう必要ありません。ChatGPTなら即座にこれらの下準備をやってくれるので、あとは本当に必要な作業を行うだけです。

　ChatGPTではさまざまなビジネス書類やインターネット上のデータが学習されており、ビジネスに関してはかなり優秀な回答をしてくれます。ChatGPTあるいはChatGPT × Excelで、仕事の効率がアップするのが実感できるはずです。

👆 **Point**

「必要項目を挙げてください」という指定は、あらゆる場面で活用できる

Excelを使いこなす方法を
ChatGPTに聞く

ピボットテーブルを作成する

　仕事にExcelを利用しているユーザーでも、使っている機能はごく一部だけという人は少なくありません。自分の作業や仕事に必要な機能のみ、利用できればいいからです。

　ところが、いつもとは異なる少し複雑な作業や、入り組んだ表を作成しなければならないときには、どのような機能を使えばいいのか判然としません。また、「こんな表を作って」と上司などから頼まれても、どうやって作成すればいいのかわからないケースもあるでしょう。

　こんなときこそ、ChatGPTの出番です。たとえば、Excelのピボットテーブルを使った表を作成したいときを考えてみましょう。

　ピボットテーブルとは、作成した表で、いくつかの項目をピックアップして集計する「クロス集計」を行う機能です。このピボットテーブルがどのような機能で、具体的にどのように作成すればいいのか、ChatGPTに聞いてみましょう。

ピボットテーブルではどのような機能が実現できるのか、詳しく説明してください。

ピボットテーブルは、Excelでデータを分析し要約するための強力なツールです。以下に、ピボットテーブルの主な機能をいくつか紹介します：

1. データの要約と集計：
　・ピボットテーブルを使用すると、大量のデータから必要な情報を

簡単に集計できます。合計、平均、最大値、最小値などの集計が容易に行えます。

2. データのグループ化:
- ピボットテーブルを使って、データを特定の基準（例えば日付、地域、製品カテゴリなど）でグループ化できます。これにより、データをより使いやすい形に整理できます。

（以下、略）

ピボットテーブルの機能が、箇条書きで回答されています。データの集計をしたり、合計や平均、最大値といった集計を簡単に行ったりできるようです。フィルタリングして表示することもでき、データの傾向やパターンも把握できると回答されています。

▼ピボットテーブル作成の手順を聞く

では、このピボットテーブルはどのように作成すればいいのでしょうか。具体的な手順を聞いてみましょう。

 ピボットテーブルを作成するための手順を教えてください。

 ピボットテーブルを作成する手順を以下に示します：

1. データの整理:
- ピボットテーブルを作成する前に、分析したいデータを整理します。データはヘッダー行を含むテーブル形式であることが望ましいです。

2. データ範囲の選択:
- データのある範囲を選択します。範囲は、データを含むセル全体を指定します。

（以下、略）

ピボットテーブルを作るための細かな操作手順が表示されました。この手順に従って表を作成し、ピボット・テーブルに変更しただけで完成です。

このように、ChatGPTに少し質問するだけで、複雑な機能を実行するための手順がすぐにわかります。

▼使うべき関数や指定の仕方も教えてくれる

もちろん、機能や操作だけではありません。たとえば関数。Excelの関数では、SUM（合計）やAVERAGE（平均）といった関数はよく利用するため、すぐに設定できるでしょう。ところが、あまり使わないものの場合、どんな関数を使い、どのように指定すればいいのか、わからないことも多いはずです。

こんなときは、どのような機能を実現したいかをChatGPTに聞いてみると、即座に答えがわかります。

セルに入力されている生年月日から、年齢を表示するExcelの関数を教えてください。

Excelで生年月日から年齢を計算するためには、TODAY関数とDATEDIF関数を組み合わせることができます。例えば、生年月日がA1セルに入力されている場合、次のような式を使うことができます。

```less
=DATEDIF(A1, TODAY(), "Y")
```

この式は、A1セルの日付（生年月日）と今日の日付との間の年数を計算して表示します。セルにこの式を入力すると、その人の年齢が表示されます。

B3			f_x	=DATEDIF(A3,TODAY(), "Y")		

	A	B	C	D	E	F	G
1	生年月日	年齢					
2	1987/7/15	36					
3	1984/4/25	39					
4	1983/12/4	40					
5							

回答をもとに Excel の表に関数を埋め込むだけで、実行したい機能が実現した

　たとえば、セルに入力されている生年月日から、現在の年齢を表示する関数を聞いてみました。ChatGPT は、DATEDIF 関数で実現できると回答してくれました。しかも関数の指定方法も表示されており、「Copy code」ボタンをクリックすればクリップボードにコピーされるので、Excel の表を開き、必要なセルにそのまま貼り付けて利用できます。

　もちろん、関数の指定では引数として参照するセルを指定する場合もあり、その部分は作成している表に合わせて書き換える必要があります。し**かし、ChatGPT が教えてくれた通りに指定するだけで、簡単に実行したい機能が実現できます。**

　Excel を日常的に仕事に利用しているユーザーなら、こうして ChatGPT に質問していくだけで、複雑な表や分析なども簡単に行えるようになるわけです。

Point

ピボットテーブルの作成の手順や、使うべき関数や指定の仕方も ChatGPT に聞けばすぐに答えがわかる

回答の一部についてさらに深掘りする

ChatGPTの回答のわからない部分を質問する

　Excelに詳しくないユーザーの場合は、ChatGPTにExcelで実現させたい機能や関数の使い方などを聞いてみても、その回答がよくわからないこともあるでしょう。こんなときには、**さらに続けてわからない部分や操作方法などについて、ChatGPTに聞いてみましょう。**

　ChatGPTがこれまでの検索と決定的に異なるのは、質問や命令を1回だけでなく、何度でも聞き返せる点です。ChatGPTは〝対話型〟テキスト生成AIです。会話が行えるのです。会話ですから、相手の返事に対応してどんどん話を進められます。

　しかもChatGPTは、こうして何かについてどんどん深掘りしていっても、決して嫌な顔をしません。質問していけば、何度でも回答してくれるのです。

　この対話・会話は、同じチャットで実行します。ChatGPTのチャットは、「New chat」を指定すると新しい会話（チャット）を始められますが、**同一のテーマについては同じチャットで実行したほうがいい**のです。

　なぜなら、1つのチャットの中では、ChatGPTは会話の内容を覚えており、以前の質問や回答に沿って答えてくれるからです。

　回答の中には番号を付けて説明してくれることもあります。こんなときは、「**○番についてもっと詳しく教えて**」などと指示するだけで、適切な回答が得られます。

　テーマが同じなのに、新しいチャットで質問してしまうと、「○番について教えて」などといった質問はできません。ChatGPTはあくまで対話型生成AIですから、そのチャット内で会話が進んでいくのです。

▼ **ChatGPT** と会話を進める

　たとえば、日付が入力されているセルを指定して、その日付の曜日を表示させたいときに利用できる関数について聞いてみました。

日付が入力されているセルの曜日を表示させるには、どの関数を使えばいいですか。

Excelで日付が入力されているセルの曜日を表示させるためには、通常は「WEEKDAY」関数を使用します。この関数は、指定した日付の曜日を数値で返します。たとえば、A1セルに日付が入力されている場合、次のように使えます：

```scss
=WEEKDAY(A1)
```

この関数を使うことで、日曜日から土曜日までそれぞれ1から7までの数値が返されます。もし、日本語の曜日名を表示したい場合は、「TEXT」関数を使って「WEEKDAY」関数と組み合わせることができます。例えば：

```scss
=TEXT(A1, "ddd")
```

このようにすると、セルA1に入力された日付の曜日が日本語で表示されます。

ChatGPTの回答では、「WEEKDAY関数を利用すればいい」と返ってきました。さらに、「TEXT関数を使えば、曜日は日本語で表示される」と説明されています。

このTEXT関数を使えば、日本語で曜日が表示されることは理解できますが、WEEKDAY関数では数値が返ってくると説明されています。この数値とは数字であって、曜日ではないのでしょうか。

そこでこの疑問をぶつけてみます。「WEEKDAY関数で返ってきた数値は、曜日ではないのですか」と再度質問してみました。

WEEKDAY関数で返ってきた数値は、曜日ではないのですか。

申し訳ありません、誤解がありました。確かに、WEEKDAY関数は、曜日を数値で返します。ただし、WEEKDAY関数のデフォルトの設定では、日曜日が1で土曜日が7となります。そのため、数値を曜日に変換する必要があります。

日本語の曜日名を取得するためには、TEXT関数を使ってWEEKDAY関数の結果を曜日名に変換します。具体的には、以下のようにします：

```scss
=TEXT(A1, "dddd")
```

この式を使うと、セルA1に入力された日付の曜日が日本語で表示されます。

するとChatGPTは、「申し訳ありません、誤解がありました」と回答し、WEEKDAY関数の詳細な説明をしてくれました。

　こんな具合に会話を進めることで、**ChatGPTの回答でわからない部分をもっと詳しく解説してもらったり、別の方法を提案してもらったりできる**のです。さらに、1つの会話の中で別のテーマの会話に移行することもできます。

　ChatGPTとの会話は、まるで人間同士で会話をしているような錯覚を覚えるほど自然です。しかも、ChatGPTのほうがずっと知識が豊富ですから、先生や専門家に質問しているような感じです。どんなに初歩的な質問をしても、決して嫌な顔をせずに回答してくれます。

　企業では、このChatGPTの会話機能を利用して新入社員の教育に役立てることもできるでしょう。生成AIの登場や活用によって、仕事が奪われる社員が出てくるといわれていますが、これはたとえば、社内の仕事のマニュアルをChatGPTに学習させることで、新入社員教育のような仕事は一掃されるといったことが予想されるからです。

文章を翻訳する

海外とのやり取りでの強い味方になってくれる

　ChatGPTの便利な機能のひとつに、**翻訳機能**があります。英語から日本語へという翻訳も、逆に日本語から英語へという翻訳も、どちらも簡単にChatGPTで実行できます。

　英語や日本語だけでなく、中国語やフランス語、韓国語、ロシア語など、ChatGPTは実に50以上の言語に対応しています。これらの言語間の翻訳が可能です。

　ただし、ChatGPTの翻訳精度という点で見ると、やはり英語が群を抜いていて、それ以外の言語、特にデータが少ない言語では翻訳精度が下がる傾向があります。ChatGPTは事前に膨大な量のデータを学習していますが、それは書籍などとともにインターネット上にあるデータです。インターネット上の言語では、なんといっても英語が圧倒的ですから、英語の翻訳精度が高いのです。

▼たった2〜3秒で翻訳できる

　ChatGPTで翻訳を行いたいときは、**「次のテキストを日本語に翻訳してください」** と指定し、**翻訳元のテキストを貼り付けて指定するだけ**です。無料版のChatGPTでは、インターネットのURL（ページのアドレス）を指定することはできないので、翻訳元の英文などをコピーし、ChatGPTのプロンプトに貼り付けて指定します。

> **❗注意‼**
>
> 無料版ChatGPTでプロンプトに指定できるのは、最大4,097トークン、日本語にすると2,000〜3,000字程度。それ以上長くなりそうな場合には、何回かに分けて指定する必要がある

次のテキストを日本語に訳してください。
#テキスト:
Squire Trelawney, Doctor Livesey, and the rest of these gentlemen having asked me to write down the whole particulars about Treasure Island, from the beginning to the end, keeping nothing back but the bearings of the island, and that only because there is still treasure not yet lifted, I take up my pen in the year of grace 17—, and go back to the time when my father kept the "Admiral Benbow" Inn, and the brown old seaman, with the saber cut, first took up his lodging under our roof.

もちろんです。以下は、指定された英文の日本語への翻訳です：

「トレローニ卿、ライブジー博士、そして他の紳士方が私に頼んで、『トレジャー・アイランド』の最初から最後までの詳細を何も隠さず書いてほしいと言われた。ただし、島の位置だけは秘密にするようにというのは、まだ発掘されていない財宝があるからだという理由である。だから私は恵みの年17—にペンをとり、父が『アドミラル・ベンボウ』宿を経営していた時代にさかのぼる。そして茶色の古びた船乗りが、剣傷を負ったまま初めて私たちの屋根の下に泊まった時期を思い出す。」

　翻訳させたい英文を貼り付けて翻訳を指定するだけで、ほんの2〜3秒で日本語に翻訳されて表示されました。英語に堪能なユーザーでも、日本語に翻訳してテキストに起こすのには、最低でも10分程度は必要でしょう。それが2〜3秒でテキストになってしまうのです。
　ChatGPTの翻訳精度は、実際に詳細に読んで確認するしかありませんが、翻訳元の英文の概略を知るだけならまったく問題ありません。

　もちろん、反対に日本語を英文に翻訳させることもできます。この場合は、「**次のテキストを英語に翻訳してください**」と指定するだけです。これで貼り付けた日本語のテキストが英文に翻訳され、表示されます。

　なお、プロンプト中で「#テキスト」などと指定していますが、この**ハッシュタグ**がChatGPTのプロンプトで利用できます。ハッシュタグはX（旧Twitter）やInstagramなどでもよく利用されていますが、行頭に「#」というハッシュマークを付けて記述するもので、ChatGPTでは箇条書きにしたり条件を明示したりするときに利用します。

　たとえば、プロンプトで次のように指定します。

#役割：
あなたはプロの翻訳者です
#目的：
テキストを英語から日本語に、日本語から英語に翻訳します
#テキスト：
（英語または日本語の文章）

👆 Point

「#役割」「#目的」「#テキスト」などのハッシュタグを付けることで、より目的に合ったテキストを生成できる

　海外の企業や部署、海外ユーザーとやり取りする電子メールなど、日本語で書かれた文章を簡単に英語や他の言語に翻訳できます。そんな部署では、やはりChatGPTが仕事の効率をアップさせてくれます。

📖 Memo

ChatGPTの回答は、必要な部分を範囲選択して[Ctrl] + [C]キーでコピーし、Excelの表を開いて必要なセルで[Ctrl] + [V]キーで貼り付ければ、簡単に再利用できる

文章を書き換えてもらう

対象読者を指定して文章作成ができる

　日頃から日本語を使っているとはいえ、文章を書くのが苦手な人も少なくありません。特にビジネス文書では特定の型があり、型に慣れるまで何度も書き直しをさせられることもあるでしょう。

　また、商品やサービスのマニュアル・取扱説明書などを作成する機会がある人もいるでしょう。一般ユーザー向けに書いたマニュアルを、小学生や子ども向けに書き直したりすることもあるでしょう。

　そんな作業も、ChatGPTで簡単に実行できます。ChatGPTはテキスト生成AIですから、文章を作成するのは得意です。**作成する文章の対象を指定してあげれば、対象向けの文章を生成してくれます。** また、すでに作成している文章なら、指定した対象向けに書き直してくれます。

▼テーマを指定して文章を生成してもらう

　もっと便利なのは、**テーマを指定**してChatGPTに文章を生成してもらい、続けてその文章を子ども向けなどに書き直してもらう方法です。これなら最初からChatGPTに指定するだけで、大人向けと子ども向けの両方の文章が即座に得られます。

👤 AIについて詳しく説明してください。

AI（人工知能）は、コンピュータシステムが人間の知能を模倣し、学習、推論、問題解決などのタスクを実行する能力を指します。AIはさまざまな分野で活用されており、機械学習や深層学習といった技術を用いて成長しています。

（以下、略）

小学3年生にもわかるように簡単にしてください。

AIは、コンピュータが考えたり学んだりすることができる仕組みのことです。これは、ゲームで勝つ方法を学んだり、写真の中に何が写っているかを知ったりすることができます。
（以下、略）

　生成させる文章の対象には、たとえば「小学生向けに」や「小学3年生でもわかる」「大人向けに」などといった**具体的な指定をするといい**でしょう。また、文章を生成させ、その会話内で子ども向けに書き換えてもらったり、専門家向けに書き換えてもらったり、といった具合にいくつものパターンを作成すると、さまざまな場面に対応できる文章が得られます。

　ChatGPTが生成した文章は、やはり必要箇所を範囲選択して [Ctrl] + [C] キーでコピーし、Excelの表を開いて必要なセルに移動し、[Ctrl] + [V] キーで貼り付けてしまえば、Excelでも簡単に利用できます。

Point

生成した文章の同じ会話内で対象読者を変えていくつものパターンを作成すれば、さまざまな場面に対応できる文章を得ることができる

注意!!

ChatGPTの文章の書き換えでは、生成した文章を英文に翻訳したり、あるいは「です・ます体」から「である体」に変更したり、さらに関西弁に書き換える、といったこともできる。ただし、たとえば関西弁に書き換えたとき、生成された文章が正しい関西弁だとは限らない。また、「です・ます体」から「である体」に書き換えても、やはり文末などが正しく書き換えられているとは限らない。ChatGPTも当然、間違った文章や間違った内容を出力するため、出力された回答には必ず目を通し、誤りがないかどうか確認する癖を身に付けておく必要がある

文章の校正をする

ビジネス文書の校正に威力を発揮する

　文章の書き換えとともに、ChatGPTには**文章の校正を行わせること**もできます。校正は、文章や漢字、送り仮名、言葉の文字抜けなど、文章が間違っている部分を訂正する作業です。

　校正とともに校閲といって、文章の内容の間違いを直す作業もあります。どちらも文章を正しいものに直す作業で、間違いを極力最小にしたいビジネス文書などでは、重要な作業といえるものです。

　ChatGPTは、校正と校閲を区別しません。「間違っている部分を訂正してください」と指定すれば、ChatGPTが判断して間違っていると思われる部分を訂正してくれます。

次のテキストの間違いを訂正してください
#テキスト：
私は、その男の写真を三葉、見たことがある。
　一葉は、その男の、幼年時代、とでも言うべきであろうか、十歳前後かと推定される頃の写真であって、その子供が大勢の女のひとに取りかこまれ、（それは、その子供の姉たち、妹たち、それから、従姉妹いとこたちかと想像される）庭園の池のほとりに、荒い縞の袴はかまをはいて立ち、首を三十度ほど左に傾け、醜く笑っている写真である。醜く？　けれども、鈍い人たち（つまり、美醜などに関心を持たぬ人たち）は、面白くも何とも無いような顔をして、
「可愛い坊ちゃんですね」
　といい加減なお世辞を言っても、まんざら空からお世辞に聞えないくらいの、謂いわば通俗の「可愛らしさ」みたいな影もその子供の笑顔に無いわけではないのだが、しかし、いささかでも、美醜に就いて

の訓練を経て来たひとなら、ひとめ見てすぐ、
「なんて、いやな子供だ」
　と顔すこぶる不快そうに呟つぶやき、毛虫でも払いのける時のような手つきで、その写真をほうり投げるかも知れない。（太宰治『人間失格』より）

次のテキストの修正をお手伝いします：

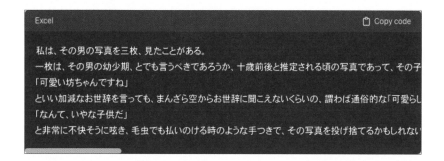

修正箇所：

・「三葉」を「三枚」に修正しました。
・二つの「一葉」を「一枚」に修正しました。
・「従姉妹いとこたち」を「従姉妹、いとこたち」に修正しました。
・「鈍い人たち」を「鈍感な人々」に修正しました。
・「謂いわば」を「謂わば」に修正しました。
・「美醜に就いての訓練を経て来たひとなら」を「美醜に関する訓練を受けてきた人なら」に修正しました。
・いくつかの句読点やスペースを修正しました。

▼プロの校正者や専門の校閲者にはかなわない
　実はこのテキストは、太宰治の小説『人間失格』の冒頭部分を指定した

ものです。ChatGPTは文章を読み込み、校正結果としていくつかの点を修正し、修正後の文章と、どの部分を修正したかの解説を表示してくれました。

> ✒ **Memo**
>
> 回答によっては修正後の文章だけを表示するケースもある。修正箇所を具体的に知りたいときは、何度かチャットを変えて実行してみるとよい

　ChatGPTが行う文章の校正・校閲は、あくまでChatGPTの学習している範囲での校正で、プロの校正者や専門の校閲者のものとは異なり、間違っている部分も多々あります。特に小説や創作の場合、著者の意図とは異なる部分にまで手を入れて修正することもあります。

　学習量の多い英文では、また違った結果が出るのでしょうが、こと日本語に関しては、まだまだ校正者や校閲者にはかなわないものがあります。

　ただし、ビジネス文書に関してはそれなりの訂正をしてくれます。日本語でもビジネス文書に関しては、かなり学習させているのでしょう。仕事の場面で利用する分には、それほど気にする必要はないようです。

　作成した文書は、間違いがないか最終的にチェックしてください。ChatGPTに校正させ、さらに訂正されたものに目を通して最終チェックすればミスが防げるでしょう。ChatGPTの校正なら、かなり長い文章でもほんの10秒ほどで終わるので、時間も手間もかからないはずです。

文章を要約させる

流し読みしたいときに便利

ChatGPTの機能の中でも特に便利なのが、**文章の要約**です。実は、すでにこの要約機能が実際に利用されている場面も出てきました。

ネットニュースなどの記事では、最初に記事の概要が表示され、さらに最近では「AIで記事を要約する」と書かれたボタンが表示されているものも増えてきました。

この機能こそ、ChatGPTや生成AIによって実現されているものです。このボタンをクリックすると、記事全文がAIに送られ、内容を要約し、それを画面に表示してくれるのです。長い記事の場合、最初に要約だけ目を通し、全文を読むかどうかの判断に利用できるようになります。

このようにChatGPTは、文章の要約が得意です。文章を要約させたいときは、「次のテキストを要約してください」と記入し、テキストを貼り付けて指定します。

次のテキストを500字以内で要約してください。
#テキスト:
　2022年11月に登場した生成AIのChatGPTは、わずか1週間で会員数100万人を超え、2カ月後には1億人のユーザーが利用する爆発的な人気のサービスとなりました。
　ChatGPTはテキスト生成AI、対話型生成AI、チャットボットなどとも呼ばれるもので、対話（チャット）形式の文章生成AIです。生成AIとは、大規模言語モデルを使い、事前に膨大な量のデータを学習させた機械学習モデルです。
　この大規模言語モデルにはいくつかの方式が開発されていますが、ChatGPT が 利 用 し て い る の は GPT（Generative Pre-trained

Transformer）と呼ばれるもので、「事前に言語の学習をさせた文章作成機」とでも訳せるものです。

　もともと米カリフォルニア州に設立された営利法人のオープンAI（OpenAI LP）と、その親会社である非営利法人のOpen AI Inc.がAI分野の開発を行っており、GPT-3という言語モデルを開発。これが機械によって人間と同じような自然な文章を生成できるようになったのです。

　ChatGPTにはGPT-3.5という言語モデルが採用されており、これを利用した生成AIを誰でも無料で利用できるようになっています。さらにGPT-4という言語モデルを採用したChatGPT Plusが、有料版ですが利用できるようになっています。

（中略）

　実際に利用してみるとわかりますが、たとえば新しく発売する商品やサービスのニュースリリースを作成するとき、これまでなら商品名やその特徴、その商品やサービスによって何ができるようになるのか、価格、開始時期などといった情報をもとに、自社の方式に合うようなニュースリリースやその内容、文章などを考えて作成していたでしょう。早くても1日、下手をすれば2、3日もかかることさえあったでしょう。

（中略）

　これがChatGPTに代表される生成AIを活用した仕事のやり方です。仕事によっては、生産性が10倍以上も上がる部署さえあるでしょう。生成AIを利用した仕事のノウハウをマスターすれば、生産性はもちろん、仕事の効率が驚異的に高まる可能性が高いのです。

2022年11月にデビューしたChatGPTは、わずか1週間で100万人の会員を獲得し、その後2カ月で1億人以上のユーザーが利用する急速な人気を集めた。このAIは対話形式の文章生成AIであり、GPT（Generative Pre-trained Transformer）という大規模言語モデルを使

用しており、事前に膨大なデータを学習させたものだ。（中略）たとえば、商品やサービスのニュースリリース作成をChatGPTに依頼すれば、従来数日かかっていた作業が10秒で完了する可能性がある。生成AIをマスターすれば、生産性や効率が飛躍的に向上する可能性があるが、その際には回答内容の確認が不可欠だ。

▼翻訳機能と組み合わせて要約させる

この要約機能は、ビジネスだけでなくインターネットの記事を読んでいるときや、何らかのサービスの利用規約をざっと流し読みするとき、あるいは企画書や報告書の内容を簡単に確認したいときなどに利用できます。

要約させるときのコツは、**要約するときの文字数を指定すること**です。「300字以内で」「500字以内で」といった具合に文字数を指定するといいでしょう。

ただし、ChatGPTは文字数を指定しても守ってくれません。ChatGPTの文字数の数え方が、トークン単位となっているためでしょう。トークンとは、ChatGPTが内部で使用する単位で、文字数そのものとは異なっています。

また、要約だからといって100字以内などと指定しても、これではあまり意味がないはずです。指定した文字数を守らないのは困りますが、これはいまのところ諦めるしかないようです。

🖰 Point

要約するときの文字数を指定するのが上手に要約させるコツ

　要約機能で便利なのは、**翻訳機能との組み合わせ**です。英文を日本語に翻訳させ、さらにその日本語を要約させて回答させれば、英文記事などの内容をざっと理解するのに便利です。これで大幅な時短になり、タイパ（タイム・パフォーマンス）も向上するはずです。

次の英文を日本語に翻訳し、翻訳した文章を500字以内で要約してください。
#テキスト：
The Supreme Court will be pressed to answer multiple questions crucial to next year's presidential election, thrust into a pivotal role not seen since its 2000 decision that sealed the victory for President George W. Bush.
（中略）
In addition, some Democrats in Congress have called on Justice Clarence Thomas to recuse himself from cases involving Trump's political interests because of his wife Virginia "Ginni" Thomas's role in encouraging the former president to challenge the results of his loss to Joe Biden in 2020.

次の英文を日本語に翻訳すると、次年度の大統領選挙に関する複数の重要な問題に答えるように最高裁判所が迫られることになります。2000年の判決以来、ジョージ・W・ブッシュ大統領の勝利を決定づ

けた役割を果たすというような重要な役割に押し込まれることにな
ります。
（中略）
さらに、一部の民主党議員は、夫人であるヴァージニア "ジニー"
トーマスが元大統領トランプに2020年のジョー・バイデン氏への敗
北の結果に挑戦するよう促したことから、トランプの政治的利益に関
するケースからクラレンス・トーマス判事が自己を回避するよう求め
ています。

要約:
最高裁は来年の大統領選挙に関わる複数の重要問題に答えねばなら
ず、ブッシュ対ゴア事件以来の重要な役割を果たすことになる。トラ
ンプ氏による選任で保守派が6人を占めるが、裁判所の評判は低迷
し、民主党と共和党の間で世論が極めて分かれている。また、クラレ
ンス・トーマス判事については自己回避を求める声もある。

なお、これらのChatGPTの回答も、必要箇所を範囲選択し、[Ctrl] + [C]
キーでコピーし、Excelの必要なセルに移動して [Ctrl] + [V] キーで貼り付
ければ、簡単にExcelで利用できます。

👆 Point

英文を日本語に翻訳させ、さらにその日本語を要約させて回答させれば、
英文記事の内容をつかむのに大幅な時短が可能になる

セル範囲を指定して質問する

Excelのヘルプ機能では解決できない問題を解決する

　ChatGPTの回答をExcelで利用するためには、コピー＆ペーストで実行できますが、もっと便利な方法もあります。**ChatGPTのAPIを利用する方法**です。詳しくは第4章で説明しますが、ここではコピー＆ペーストで簡単に利用できることを覚えておいてください。

　ところで、Excelの操作や関数などでは、ヘルプなどを参照してもなかなか疑問が解決せず、エラーが出ることもあります。Excelが複雑な機能を実現するアプリであることや、関数や数式といった慣れない機能を利用するためという理由もあるでしょう。

　エラーが出たり、操作がわからなかったりするときには、ChatGPTにもっと詳しく説明してもらいましょう。そのためには、**作成しているExcelの表のセルやセル範囲など、具体的に指定して質問する必要があります。**

　たとえば、右のような表があります。

　簡単な表ですが、小売店などでは日ごとに商品名と販売数を追加して表にしていき、月ごとにその数値を合計して商品ごとの販売数や売上高を計算する、といったときに利用できます。

A14			f_x	
	A	B	C	D	E
1	月日	商品名	販売数		
2	3月11日	りんご	22		
3		バナナ	19		
4		みかん	30		
5		オレンジ	4		
6		ぶどう	9		
7	3月12日	桃	9		
8		みかん	32		
9		バナナ	22		
10		りんご	29		
11		サクランボ	11		
12		梨	9		
13	3月13日	イチジク	5		

この表をもとに、一部の数値の合計を表示する関数をChatGPTに聞いてみる

▼範囲指定して質問する

　たとえばこの表では、A列に日付を記入し、B列にその日に売れた商品名を記入、C列にその販売数を記入しています。この表をもとに、特定商品の1カ月の販売数の合計を出したいときにはどうすればいいのでしょうか。
　ChatGPTに、次のように質問してみました。

 次にアップするExcelの表のエラー箇所を訂正してください。

 もちろんです。Excelの表のエラー箇所を修正するために、具体的なエラーの種類や表の内容を教えていただけますか？例えば、数式のエラー、データの不整合、または特定のセルでの問題など、何が問題なのか詳細を教えていただけると助かります。

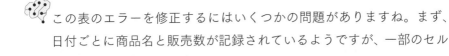

　月日 商品名 販売数
　3月11日　りんご22　りんご #VALUE!
　　バナナ 19
　　みかん 30
　　オレンジ 4
　　ぶどう 9
　3月12日　桃 9
　　みかん 32

 この表のエラーを修正するにはいくつかの問題がありますね。まず、日付ごとに商品名と販売数が記録されているようですが、一部のセルでエラーが発生しています。

　まず、3月11日の「りんご」の販売数のセルに「#VALUE!」というエラーが表示されています。これはおそらく数式やデータの形式の問題

です。また、3月12日の「桃」の販売数も記入されていませんね。

修正するためには、次のステップを試してみてください：

1. 「りんご」の販売数のセルには、おそらく計算式やデータの参照が間違っている可能性があります。数式や参照先を再確認し、正しいデータを入力してください。

（以下、略）

　特定の商品の合計を計算するならSUMIF関数を利用すればいいのですが、合計を出したい商品の指定や、販売数を計算したい列の指定など、引数の設定が初心者には少し難しいかもしれません。

　解説の中に関数と、この関数を利用するときの引数を設定した例が記載されているので、右上の「Copy code」をクリックし、Excelに戻って必要なセルに[Ctrl]+[V]キーで貼り付けます。

　実際に使用する例も記載されているので、作成しているExcelの表に合わせてセルを範囲指定し、商品名を記入してセルを指定。さらに販売数を記入したセルを範囲指定してみました。

　Excelに少し詳しいユーザーなら、すぐに設定できる関数ですが、Excel初心者や、以前使っていたが詳しい指定方法などは忘れて

F2		× ✓ fx	=SUMIF(B2:B13, E2, C2:C13)				
	A	B	C	D	E	F	G
1	月日	商品名	販売数				
2	3月11日	りんご	22		りんご	51	
3		バナナ	19				
4		みかん	30				
5		オレンジ	4				
6		ぶどう	9				
7	3月12日	桃	9				
8		みかん	32				
9		バナナ	22				
10		りんご	29				
11		サクランオ	11				
12		梨	9				
13	3月13日	イチジク	5				
14							

セルに記入されている商品名だけの合計数が表示される

しまった、といったユーザーでも、ChatGPTの解説通りに指定すれば、すぐにSUMIF関数を利用した合計値を表示させることができます。

　前述のように、ChatGPTに質問をするときは、なるべく具体的に指示したほうが、より精度の高い回答を得られやすくなります。Excelでの関数や操作などを質問するなら、**どのような表で、どんな数値やデータを記入し、どのような機能を実現したいのか**、なるべく詳しく指示しましょう。少し面倒かもしれませんが、そのほうがずっと精度の高い回答が得られ、結果的に時短になるからです。

> **🖐 Point**
>
> Excelでの関数や操作などを質問するなら、どのような表で、どんな数値やデータを記入し、どのような機能を実現したいのか、なるべく詳しく指示したほうがよい

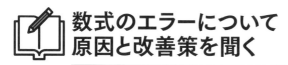

数式のエラーについて
原因と改善策を聞く

表そのものを範囲指定して貼り付ける

　Excelを利用していると、使用した関数の引数の指定が間違っていたり、指定したセル範囲の間違い、利用した関数の間違いなど、さまざまなエラーが表示されることがあります。

　これらのエラーは、#VALUE!、#####、#REF!、#NUM!といった表示で、初心者にはどこが悪いのか判然としません。

　もちろん、エラー箇所のセルにカーソルを合わせるとエラー内容が表示されるため、それをヒントに数式や関数を訂正することもできます。しかし、エラー内容を見てもどう対処すればいいのかわからないケースも少なくありません。

	A	B	C	D	E	F	G	H	I	J
						fx	=B2+C2			
1	月日	商品名	販売数							
2	3月11日	りんご	22		り	⚠ ▾	#VALUE!			
3		バナナ	19							
4		みかん	30			ℹ 値のエラー				
5		オレンジ	4							
6		ぶどう	9			このエラーに関するヘルプ(H)				
7	3月12日	桃	9			エラーのトレース(T)				
8		みかん	32			エラーを無視する(I)				
9		バナナ	22							
10		りんご	29			数式バーで編集(F)				
11		サクランボ	11			エラー チェック オプション(O)...				
12		梨	9							
13	3月13日	イチジク	5							
14										

F2 セル選択。

Excelの表でエラーが出たときは、エラー箇所を含むセル範囲を指定してコピーし、ChatGPTのプロンプトに貼り付ける

こんなときは、**Excelの表そのものを範囲指定**し、[Ctlr]+[C]キーでコピーし、ChatGPTのプロンプトに貼り付けてしまいましょう。実はChatGPTでは、Excelの表を貼り付けても自動で表として認識してくれるのです。

▼タブ区切りのデータは表として認識してくれる

ChatGPTへの質問と、Excelの表の貼り付けは、質問に続けて表を貼り付ければよいのですが、ここでは会話機能を利用して最初に質問し、次にExcelの表を[Ctrl]+[V]キーで貼り付けてみましょう。まず、「次にアップするExcelの表のエラー箇所を訂正してください」と指示します。

 次にアップするExcelの表のエラー箇所を訂正してください。

 もちろんです、Excelの表のエラー箇所を修正するお手伝いをします。エラーが何か具体的に教えていただけますか？それともエラー箇所のスクリーンショットや説明を共有していただけますか？

するとChatGPTは「もちろんです」と答えてくれるので、Excelで範囲を指定してコピーしたものを、[Ctrl]+[V]キーを押してプロンプトに貼り付けます。

月日	商品名	販売数			
3月11日	りんご	22		りんご	#VALUE!
	バナナ	19			
	みかん	30			
	オレンジ	4			
	ぶどう	9			
3月12日	桃	9			
	みかん	32			

この表の問題点は、3月11日の「りんご」の販売数が #VALUE! と表示されていることですね。これは数式やセルの参照が誤っている可能性があります。それを修正するには、次の手順を試してみてください。

（以下、略）

Excelの表を貼り付けると、画面上ではタブ区切りのデータとして表示されますが、ChatGPTではこれをExcelの表として認識し、エラー箇所とその原因、修正法を回答してくれます。

このようにChatGPTでは、**Excelの表をちゃんと表として認識してくれる**のです。そのため、エラー箇所のセルだけを選択してChatGPTに貼り付けたりするのではなく、表の先頭から該当セル以降の数列、数行まで選択して貼り付けたほうが、ChatGPTもエラーの原因などを判断しやすくなります。あまり大きな表でないときは、表全体を範囲選択して貼り付けるほうがいいでしょう。

📖 Memo

有料版 ChatGPT（ChatGPT Plus）では、Excel ファイルを ChatGPT に送信してエラー箇所を修正してもらい、修正後のファイルをユーザーがダウンロードすることもできる。エラーの修正などをよく行うようなら、ChatGPT も有料版にアップグレードするのがお勧め

👆 Point

エラー箇所だけでなく、表全体を貼り付けたほうが ChatGPT もエラーの原因を判断しやすくなる

効果的な視覚化にどんなグラフが いいかアドバイスしてもらう

作成した表をグラフにし、ビジュアル化する

　Excelでは**作成した表をグラフにし、ビジュアル化すること**もできます。企画書や提案書、報告書、資料などでは、複雑な表を掲載するよりも、その部分をグラフにしたほうが視覚に訴えられ、ずっと効果的です。

　この表のグラフ化ですが、どのようなグラフにすればいいのか悩むこともあるでしょう。これもChatGPTに聞いてみましょう。

▼回答に従って縦棒グラフを作成する

　右のような表を作成したとします。この表は、日本の人口を年代別に調べ、全体の割合を計算したものです。この表をグラフ化するとき、どのようなグラフを作成すればいいのかはすぐにわかるでしょう。円グラフでもいいし、横線の棒グラフでも構いません。

　ChatGPTにはExcelの表が貼り付けられました。そこで、次のようにプロンプトを指定してみました。

	A	B	C	D	E
	年代	人数(万人)	割合(%)		
1	10歳未満	1,478	11.8		
2	10代	1,128	8.9		
3	20代	1,268	10.1		
4	30代	1,369	10.8		
5	40代	1,442	11.5		
6	50代	1,473	11.8		
7	60代	1,573	12.4		
8	70代	1,634	12.9		
9	80歳以上	1,203	9.5		

Excelで年代別人口割合の表を作成した

次のExcelの表をグラフ化したいのですが、どのようなグラフがいい
と思いますか。
年代 人数（万人）割合（%）
10歳未満 1,478　11.8
10代 1,128　8.9
20代 1,268　10.1
30代 1,369　10.8
（以下、略）

このようなデータを視覚的に表現するグラフとして、縦棒グラフ（縦
棒の長さがデータの量を示す）や円グラフ（各年代の割合を円の部分
で表す）が適しているでしょう。データの特性によって最適なグラフ
が異なる場合がありますが、このデータを示すためには縦棒グラフが
有用です。それでは、縦棒グラフを作成する手順を示します。

1. **Excelを開いて、データを入力します**：
   ・A列に年代を、B列に人数(万人)、C列に割合(%)を入力します。
2. **データを選択してグラフを挿入します**：
（以下、略）

この表の場合、縦棒グラフか円グラフがいいとアドバイスが返ってきま
した。特に縦棒グラフのほうがデータの特性に合うことから、そのグラフ
化のための手順も回答されています。
　ChatGPTの回答に従って、実際に縦棒グラフを作成してみました。この
グラフで、棒の色を変更したり、棒の太さを調整したり、あるいはタイト
ルを記入したりと手を加えれば、より視覚に訴えられるグラフになるで
しょう。

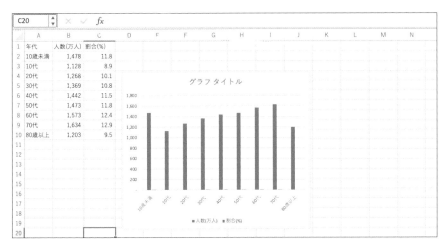

ChatGPTの回答に従い、縦棒グラフを作成してみた

　テキスト生成AIであるChatGPTは、学習したデータに基づいて文字や単語の続く確率に従って文章を作成していきます。そのため、生成された文章の内容そのものが正解なのか間違いなのかは判断していません。また、文字列の並び方の確率によって文章が生成されていくので、創造的な文章やアイデアといったものも、それほど得意ではありません。

　しかし、インターネット内の膨大なデータを学習しているためか、**ビジネスに関連する質問では的確な回答が返ってくる**ようです。同様に、Excelに関する質問でも、それなりに精度の高い回答が返ってきます。

Point

表をグラフにする際に、どのようなグラフにするのが効果的かもChatGPTが教えてくれる

漢数字を算用数字に変換する

文字列を統一して正確なデータにする

　Excelのセルに入力する文字は、行や列などによって統一するのが基本です。たとえば住所や年齢といったものは、あとからデータを加工するためには何らかのルールを設けて文字列を統一するのが一般的です。

　ところが、社内や部署内でExcelの表を共有してデータを入力したり、あるいはアンケートなどで複数の人に記入、入力してもらうと、どうしても文字列の統一などがバラバラになってしまいます。

　たとえば、住所。住所表記では漢数字と算用数字が混在してしまうことがあります。この場合、三丁目と3丁目とでは同じ住所でも、集計・分類すると別の住所として認識されてしまいます。

　そこでExcelでデータを入力したら、この表をChatGPTのプロンプトに貼り付け、漢数字を算用数字に変換してもらいましょう。もちろん、逆に算用数字を漢数字に変換することもできます。

　ChatGPTには、次のように指定すればいいでしょう。

	A	B
1	住所	
2	千代田区三番町ーー1-1	
3	千代田区内幸町3-8	
4	千代田区霞が関１丁目3	
5	千代田区霞が関２丁目1	
6	千代田区霞が関三丁目2	
7	千代田区霞が関4丁目1	
8	新宿区西新宿２丁目八－1	
9	千代田区丸の内一丁目九	

漢数字と算用数字が混在した表

 次のデータで、漢数字を算用数字に直してください。直したものは、表形式で表示してください。
住所
千代田区三番町ーー1-1
千代田区内幸町3-8
千代田区霞が関１丁目3

千代田区霞が関２丁目１
千代田区霞が関三丁目２
千代田区霞が関４丁目１
新宿区西新宿２丁目八－１
千代田区丸の内一丁目九

漢数字を算用数字に変換して表形式で表示します。以下がデータの漢数字から算用数字への変換です：

漢数字の住所	算用数字の住所
千代田区三番町ーー1-1	千代田区三番町1-1
千代田区内幸町3-8	千代田区内幸町3-8
千代田区霞が関１丁目３	千代田区霞が関１丁目３
千代田区霞が関２丁目１	千代田区霞が関２丁目１
千代田区霞が関三丁目２	千代田区霞が関３丁目２
千代田区霞が関４丁目１	千代田区霞が関４丁目１
新宿区西新宿２丁目八－１	新宿区西新宿２丁目8-1
千代田区丸の内一丁目九	千代田区丸の内１丁目9

これで、漢数字が算用数字に変換された住所が表形式で表示されました。お役に立てれば幸いです！

📖 **Memo**

ChatGPTの指示で、プロンプトに「Excelの表」といった言葉を使うと、ChatGPTはExcelの表を直接直したり操作したりすることはできない、と回答する。こんなときはプロンプトの指定の文章を単に「表」や「データ」などと変更してみると、求める回答が得られる可能性も高くなる

▼データによって最適なやり方は異なる

　また、漢数字を算用数字に変換する方法について聞いたところ、SUBSTITUTE関数を利用することもできると、回答してくれました。この回答に従ってSUBSTITUTE関数を設定すると、漢数字が算用数字に変換されてセルに記入されました。必要なセルにコピーしていくだけで、表の中の漢数字は算用数字に変換されます。

	A	B	C	D	E	F
1	住所					
2	千代田区三番町一ー1-1		千代田区3番町1ー1-1			
3	千代田区内幸町3-8		千代田区内幸町3-8			
4	千代田区霞が関１丁目３		千代田区霞が関１丁目３			
5	千代田区霞が関２丁目１		千代田区霞が関２丁目１			
6	千代田区霞が関三丁目２		千代田区霞が関3丁目２			
7	千代田区霞が関４丁目１		千代田区霞が関４丁目１			
8	新宿区西新宿２丁目八－１		新宿区西新宿２丁目8－１			
9	千代田区丸の内一丁目九		千代田区丸の内1丁目9			
10						

関数を利用して漢数字を算用数字に変換してみた

　ExcelからChatGPTにデータを貼り付け、さらに変換されたものをExcelに戻す作業と、使うべき関数を質問してこれをExcelで設定するのと、どちらが便利なのかはデータによっても異なってくるでしょう。**実際に両方の方法を試してみて、自分に合った方法を採用するといいでしょう。**

　なお、関数を利用した場合、たとえば「三番町」という地名が「３番町」に変更されてしまうなどの誤りが出ていましたが、ChatGPTに変換させたときには、「三番町」は正しく地名として認識されて漢数字の変換は行われていませんでした。それだけChatGPTが賢いことの証明といってもいいかもしれません。

姓と名を分割する

1 つのセルに入力されていても大丈夫

　会社では、顧客名簿などを作成することもあるでしょう。あるいはマーケティングのためにアンケートをとり、名前を記入してもらうこともあるでしょう。名簿は、会社にとっては何度でも利用できる重要なデータです。

　これらの名簿を、Excel の表で作成することも多いでしょう。ただし、最初に入力規則を決めておかないと、あとでデータを加工するときに面倒なことになるケースもあります。

　その最大のものが、名字と名前を
1 つのセルに入力しているケースです。1 つのセルに姓名を記入してしまうと、あとからマクロや関数を使って名字と名前を分割する、といったことができないのです。

	A	B	C
1	姓名	名字	名前
2	伊藤博文		
3	松方 正義		
4	山縣有朋		
5	松方正義		

1 つのセルに姓名を記入した Excel の表

　しかし、ChatGPT なら**簡単に名字と名前を分割してくれます**。

次の姓名を名字と名前に分割してください。分割したものは、表形式で表示してください。
伊藤博文
松方正義
山縣有朋
松方正義
（以下、略）

Excelを使用して、名字と名前を分割する方法を示します。以下は、Excelで提供されたデータを処理する方法の一例です。

姓	名
伊藤	博文
松方	正義
山縣	有朋
松方	正義

（中略）

このように、姓と名を分割して表形式で表示することができます。Excelであれば、テキストを列に分割する機能を使用してこれを実現できます。

Excelでは、LEFTやWID関数を指定し、名字と名前を分割することもできなくはありませんが、この場合、引数に名字や名前を設定する必要があり、とても面倒で自動的にはできません。

ChatGPTを使うメリットは、大量のデータを事前に学習しているため、**まとめて記述された名前から名字を判断し、分割してくれる点**です。もちろん、間違って分割することもあります。そんなときは分割したデータをExcelに貼り付け、手動で確認・訂正すればいいのです。その手間は、関数を使ったり最初から手動で分割したりすることに比べれば、何倍も楽なはずです。

🖐 Point

1つのセルに記入してしまった姓名も、ChatGPTを使えば簡単に名字と名前を分割してくれる

住所を分割してもらう

1行で書かれた住所を都道府県レベルで分割する

　姓名を名字と名前に分割したときと同じように、**住所も都道府県レベルで分割してみましょう**。多数の顧客を都道府県別に分類・集計することで、それまでは見えなかった傾向が読み取れることもあります。

　顧客名簿の住所欄を範囲選択し、ChatGPTに次のように指定して貼り付けます。

次の各住所を、都道府県レベルで分割して表示してください。なお表示は表形式でお願いします。
北海道札幌市中央区北3条西6丁目
青森県青森市長島1丁目1-1
岩手県盛岡市内丸10番1号
宮城県仙台市青葉区本町3丁目8番1号
秋田県秋田市千秋明和2丁目1-1
山形県山形市蔵王町1-1
福島県福島市中央1-1-1
茨城県水戸市三の丸1-1
栃木県宇都宮市駅前1-1

住所を都道府県レベルで分割する際、表形式でまとめますね。

住所	都道府県
北海道札幌市中央区北3条西6丁目	北海道
青森県青森市長島1丁目1-1	青森県
岩手県盛岡市内丸10番1号	岩手県

宮城県仙台市青葉区本町3丁目8番1号	宮城県
秋田県秋田市千秋明和2丁目1-1	秋田県
山形県山形市蔵王町1-1	山形県
福島県福島市中央1-1-1	福島県
茨城県水戸市三の丸1-1	茨城県
栃木県宇都宮市駅前1-1	栃木県

これでそれぞれの住所を都道府県レベルで分類しました。何か他にお手伝いできることはありますか?

　前節でも説明したように、ChatGPTは事前に膨大な量のデータを学習しているため、住所を都道府県レベルで分割することなど容易に行ってくれます。しかも、皆無とはいいませんが間違いも非常に少ないのです。
　いまのところExcelでは、1行で書かれた住所を都道府県レベルで分割する、といった関数やマクロはありません。それが可能なのが、ChatGPTなのです。ChatGPTがいかに優秀かおわかりいただけるでしょう。

🖑 Point

Excelにはない1行で書かれた住所を都道府県レベルで分割する機能も、ChatGPTなら実現可能

ふりがなを付けてもらう

五十音順の並べ替えが簡単にできる

　ChatGPTは文章を要約したり、あるいは翻訳したり、また読者対象に合わせて書き換えさせたりすることもできました。文章については、実にさまざまに手を加えることができるのです。

　そこでこの機能を使って、Excelのセルに記入されている住所や名前に、**ふりがなを付けてもらいましょう。**

　実はExcelでも、名前や住所などにふりがなを表示させることができます。しかし、これは名前や住所などを入力するとき、漢字に変換する前に入力したひらがなをもとにして表示するもので、正確とはいいにくいものです。

　たとえば、名前で「陽伸」と記述したとき、読み方は「はるのぶ」だとしても、それでは漢字に変換されません。そこで、「ようこ、のびる」などと入力して変換し、「陽伸」にした場合、Excelのふりがな機能では「ようこのびる」などと表示されてしまうのです。

　あるいはPHONETIC関数を利用し、ふりがなを取得しても、やはり入力したひらがなが取得されて表示されるだけです。

　顧客名簿などは、住所や名前などによって並べ替えたほうが後々便利に活用できるようになります。ところが、漢字で記述されたセルでは並べ替えるときに五十音順といった並べ替えができず、不便なのです。そこでふりがなの登場です。ふりがなだけの列を作っておけば、この列で五十音順に並べ替える、といったことが可能になります。

　ChatGPTでは、次のように指定してみましょう。

次の名前にふりがなを付け、表形式で表示してください。
伊藤博文
松方正義
山縣有朋
松方正義
（中略）

Excelの操作を使って、名前とそれぞれの名前に対応するふりがなを
表形式で表示する方法を示します。この例では、A列に名前、B列に
ふりがなを表示します。

名前	ふりがな
伊藤博文	いとう ひろぶん
松方正義	まつかた まさよし
山縣有朋	やまがた ありとも
松方正義	まつかた まさよし

（中略）

この表をExcelにコピーすると、それぞれの名前に対応するふりがな
が表示されます。

　やはり簡単に、ほぼ正確にふりがなを付けてくれました。もちろん、名
前や住所のように、間違ったふりがなを付けることもあるでしょう（上の
例では「伊藤博文」のふりがなが間違っています）。しかし、今後、事前学
習するデータが増えれば増えるほど、ふりがなも正確になっていくはずで
す。

ダミーデータを生成してもらう

プレゼン用に仮の数値を書き込んだ表を作る

　Excelを利用してマーケティングのデータを分析したり、あるいは商品の販売数や売上高などをデータにし、将来予測や経営分析を行う、といったケースは少なくないでしょう。

　経費の精算や簡単な計算、あるいは文章ばかりを書き込んだレイアウトに凝ったExcel文書や、俗にいう「神エクセル」のような文書を作成するのは、Excelの無駄遣いです。

　経営分析などに利用したいとき、あるいはプレゼンのための仮の数値データを書き込んだ表など、ダミーのデータを入れた表を作成したいときもあるでしょう。それぞれのセルにダミーの数字を記入していくのは、簡単なように思えますが、実際には面倒な作業です。

　もちろん、こんな作業もChatGPTなら速攻で作成できます。作成したいデータの種類や数値範囲など、細かな条件があればこれもプロンプトに指定し、**ダミーデータを作成してみましょう。**

　たとえば、顧客名簿などでダミーの名前を作ってみましょう。次のように指定してみました。

ダミーの名前を10個作成してください。

もちろんです。以下はダミーの名前のリストです。

1. 田中太郎
2. 山田花子
3. 鈴木一郎
4. 佐藤雅美

5. 小林健太

6. 伊藤さちこ

7. 渡辺浩二

8. 中村真理子

9. 加藤隆夫

10. 高橋美穂

❗注意‼

住所のような個人情報の観点から、ダミーでも作成できないものもある。
実際に指定してみれば、ダミーデータが作成できるかどうかすぐわかる

▼ダミーの商品販売数のデータを生成する

マーケティングなどで活用できるダミーの商品販売数のデータはどうでしょう。次のような指定をしてみました。

みかん、りんご、バナナ、パイナップル、大根、イチゴの各商品の販売数を、各10から100までの間で架空の数値で作ってみてください。作成したデータは表形式で表示してください。

もちろんです。以下に、架空の販売数を示す表を作成します。

商品	販売数
みかん	45
りんご	78
バナナ	62
パイナップル	90
大根	35
イチゴ	70

　このように、各商品の販売数を表形式で示すことができます。

　作成された表で問題がなければ、続けて「表をカンマ区切りのCSV形式で表示してください」などと指定すれば、要望通りのコードが表示されます。このコードをコピーしてExcelに貼り付ければ、簡単にダミーの商品別販売数の表が作成できます。

Point

ChatGPTを使えば、ダミーの名前や商品販売数なども簡単に作成でき、プレゼンなどで活用できる

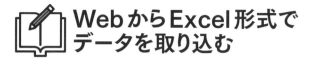

Web から Excel 形式で データを取り込む

データを整形してもらう

　無料版の ChatGPT は、2021 年 9 月までのデータで学習しているので、それ以降の新しいことは残念ながら答えられません。新しいことを調べようと思えば、Google や Yahoo! などで検索するしかないのです。

　Google などで検索し、知りたいデータが見つかったら、そのページの URL を指定して……、これもできません。URL を指定して、該当ページの中身のデータを抜き出すことを「スクレイピング」と呼んでいますが、ChatGPT では Web ページをスクレイピングしてデータを取得することはできないのです。

　しかし、Google などで検索して知りたいデータが見つかったときは、特別 URL を指定しなくても ChatGPT で**データを整形してもらう**こともできます。

▼ Web からさまざまな最新情報を抜き出して Excel に落とし込む

　たとえば、天気予報はどうでしょう。地域別に 2 週間の天気予報を毎日更新して表示してくれるサービスがあります。日本気象協会が行っている「tenki.jp」というサービスです。このサイトにアクセスし、天気予報を知りたい地域をクリックしていくと、最長 2 週間の天気、気温、降水確率などが一覧表になったページがあります。

　このページの天気予報は表形式になっているので、必要な箇所を範囲選択してコピーし、Excel に貼り付けてみました。ところが、これだけではうまく Excel の表になってくれないのです。

　そこで ChatGPT で次のように指定し、プロンプトに tenki.jp でコピーしたデータを貼り付けます。

天気予報のデータをChatGPTに取り込む
出典：日本気象協会「tenki.jp」（https://tenki.jp/）

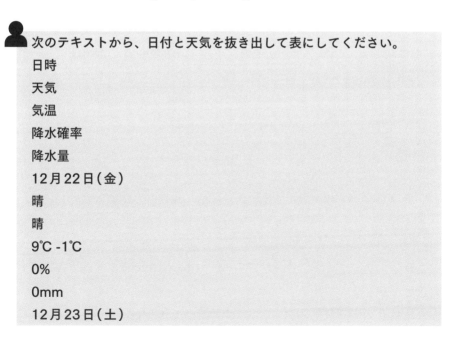

次のテキストから、日付と天気を抜き出して表にしてください。

日時

天気

気温

降水確率

降水量

12月22日(金)

晴

晴

9℃ -1℃

0%

0mm

12月23日(土)

晴

晴

10℃ -1℃

0%

0mm

12月24日（日）

晴

晴

10℃ 0℃

20%

0mm

（中略）

Excelでこれを表にするのは簡単ですね。日付と天気を抜き出して、それぞれの列に配置します。それから、気温、降水確率、降水量を対応する行に追加します。これで表を作成できます。

日付	天気	気温	降水確率	降水量
12月22日	晴	9℃ -1℃	0%	0mm
12月23日	晴	10℃ -1℃	0%	0mm
12月24日	晴	10℃ 0℃	20%	0mm

（中略）

これで日付ごとに天気、気温、降水確率、降水量が整理された表ができました。

これで、Webで選択していたデータが、ChatGPTで整形されて表形式で表示されました。

今度はこの表を範囲選択し、Excelを開いて[Ctrl]+[V]キーで貼り付け

ます。これで日付と天気
などが記入されたきれ
いな表になりました。

▲	A	B	C	D	E
1	日付	天気	気温	降水確率	降水量
2	12月22日	晴	9℃-1℃	0%	0mm
3	12月23日	晴	10℃-1℃	0%	0mm
4	12月24日	晴	10℃0℃	20%	0mm
5	12月25日	晴	12℃2℃	20%	0mm
6	12月26日	晴	13℃2℃	10%	0mm
7	12月27日	晴	14℃3℃	20%	0mm
8	12月28日	晴時々曇	13℃4℃	20%	0mm
9	12月29日	晴	14℃2℃	20%	0mm
10	12月30日	晴	16℃4℃	20%	0mm
11	12月31日	晴時々雨	15℃5℃	60%	11mm
12	1月1日	晴時々雨	16℃5℃	60%	15mm
13	1月2日	晴	17℃7℃	40%	
14	1月3日	晴	14℃5℃	40%	
15	1月4日	晴時々曇	13℃4℃	40%	

　天気予報だけではあ
りません。また、表形式
になったページだけで
もありません。ChatGPT
は指定した文章を読み
込み、要約し、必要な箇
所を抽出し、それらを整
形し、なおかつ表形式に

Excelに貼り付けると、きれいな表になった

までして返してくれま
す。**文書の整形がとても得意なのです。**

　この特徴を活かせば、Webからもさまざまな最新情報を抜き出してExcel
に落とすことさえできます。ChatGPTとExcelを組み合わせることで、最
新情報さえ加工して利用できるのです。

　これらのChatGPT × Excelワザを駆使すれば、ChatGPTもExcelも、
もっと仕事に活用できるようになるはずです。

Point

文書の整形が得意というChatGPTの特徴を活かし、Webからさまざまな
最新情報を抜き出してExcelに落とすことができる

Chapter 3

Excel関数・マクロを調べる

GPT

fx Excelの関数を調べる

関数とそのための引数や指定方法を質問する

Excelを利用するとき、効率的に表を作成したいなら、**いくつかの関数は必須**です。

関数と聞くとXやYが出てきて、Xの値が決まるとそれに対応するYの値が決まって……、などと中学生のときに習った数学が思い浮かび、頭が痛くなる人もいるでしょう。

ところが、Excelでいう関数は、それとは異なります。Excelの関数とはあらかじめ定義された数式のことで、複雑な計算を簡単に行えるようにしたものだと考えるといいでしょう。

たとえば、A列の1行目から5行目まで数値が記入されていた場合、このA列の1行目（A1セル）からA列の5行目（A5セル）までの合計を計算するなら、次のような数式になります。

合計=A1+A2+A3+A4+A5

この数式をA6セルに記入すれば、A1からA5までの値の合計の数字が、A6セルに表示されるわけです。

このあるセルからあるセルまでを合計する数式をもっと簡単にしたのが**SUM関数**です。SUM関数を使えば、次のように指定できます。

A6		× ✓	fx	=A1+A2+A3+A4+A5	
	A	B	C	D	E	F
1	10					
2	15					
3	20					
4	9					
5	5					
6	59					
7						

A1からA5までの合計を表示する数式をA6に記入する

=SUM(A1:A5)

これがA1からA5までの合計を計算する関数です。SUM関数に続けてセル範囲を記入していますが、この部分を**引数**と呼んでいます。

実際に、隣にあるB列の6行目のセルに、SUM関数にA1からA5までを引数として指定してみましょう。隣のA6

B6		× ✓	*fx*	=SUM(A1:A5)	
	A	B	C	D	E
1	10				
2	15				
3	20				
4	9				
5	5				
6	59	59			
7					

SUM関数を指定しても答えは同じになる

セルに記入した数式とまったく同じ値が、関数を記入したB6セルに表示されるのがわかるはずです（セルには関数で計算された数値が入って表示されます。そのセルに入っている関数は、上部の数式バーに表示されています）。

関数とはいっても、数式や複雑な計算を簡単に行えるよう、**あらかじめ設定されている関数を利用するだけ**というのが、基本的な考え方です。

▼利用すべき関数を質問する

ここではA1からA5までの合計を表示するためにSUM関数を利用しましたが、どんな関数を利用すればいいのか、ChatGPTに聞いてみましょう。

A1からA5までの合計を表示するには、どの関数を使いますか。

ExcelでA1からA5までのセルの合計を求めるには、SUM関数を使用します。以下は使用方法です：

1. 空白のセル（例えば、B1など）に合計値を表示したい場所を選択します。
2. セルに以下のように入力します：=SUM(A1:A5)（A1からA5までのセル範囲を指定することで合計を求めます）
3. 入力が完了したら、Enterキーを押して計算結果を表示します。

この方法で、A1からA5までのセルの合計値を求めることができます。

ChatGPTの回答でも、やはりSUM関数を利用すればいいことがわかります。しかも、どのように指定すればいいのかも答えてくれています。

　Excelで関数を使いたいときや、ある機能を実現するために使うべき関数を知るためには、ChatGPTに**実現したい機能を具体的に説明して聞いてみればいい**のです。ChatGPTはその機能を実現するための関数と、さらにそのための引数や指定方法なども親切に回答してくれます。

👆 Point

ChatGPTに実現したい機能を具体的に質問すれば、そのための関数だけでなく、引数や指定方法なども示してくれる

fx VLOOKUP関数の使い方を調べる

在庫管理や商品販売管理などに活用する

Excelを使い込んでいくと、さまざまな関数を覚えて利用するようになるでしょう。関数を使うと便利だからです。たとえば**VLOOKUP関数**です。

VLOOKUP関数とは、作成した表の中から必要な文字列や数値などを検索し、これらを抜き出して表示するための関数です。また、表の範囲を指定し、縦方向ごとにセルを検索して、一致するセルの行から数値や文字列を返してくれます。

たとえば、在庫管理や商品販売管理などでExcelを利用しているとき、作成した表から特定の商品を検索し、その価格や販売数などを抜き出す、といった操作にも利用できます。

複雑な操作が可能なVLOOKUP関数だけに、指定する引数や指定方法なども煩雑です。そこで、VLOOKUP関数の使い方をChatGPTに聞いてしまいましょう。

VLOOKUP関数の使い方について詳しく教えてください。

VLOOKUP関数は、Excelでデータを検索し、関連する情報を見つけるための非常に便利な関数です。基本的な構文は以下の通りです：

```scss
=VLOOKUP(検索する値，検索範囲，返す列の番号，近似一致の指定)
```

ここで、各引数の意味は以下の通りです：

検索する値: 検索を行う値です。これは通常、他のセルに含まれる値

です。

（以下、略）

　詳しい回答が表示されました。どのような機能で、引数としてどのようなものを指定するのか、さらに例を挙げて詳しく説明されています。

　ただし、これらの説明を読んでも、なんだかよくわからないこともあるでしょう。自分が作成している表では、どう指定し、どう使えばいいのかわからないのです。

　そこで**もっと詳しく聞いてみます**。たとえば次のように、商品と仕入先、単価、仕入れ数を書いた表を作成したとします。

　この表の中から、指定した商品がどの仕入先から仕入れたものなのかを調べたいとき、どう指定したらいいでしょう。それほど大きくない表なら、検索したり目視したりすれば調べられますが、これを関数を使って一発で調べられるようにしてみます。次のようにChatGPTに聞いてみました。

	A	B	C	D	E
1	商品	仕入先	単価	仕入れ数	
2	りんご	A商事	250	510	
3	みかん	B物産	120	202	
4	バナナ	C問屋	100	215	
5	いちご	D社	400	246	
6	ぶどう	A商事	350	293	
7	メロン	B物産	500	314	
8	桃	E社	300	357	
9	キウイ	D社	200	400	
10	パイナップル	B物産	300	423	
11	マンゴー	C問屋	450	465	

A12

商品と仕入先、単価、仕入数をまとめた表

A列に商品名を、B列にその仕入先、C列には商品の単価、D列に仕
入れ数を記入した表があります。この表の中から「商品」を指定して
これがどの仕入先から仕入れたものかを調べるとき、VLOOKUP関
数でどう指定すればいいですか。

Excel のVLOOKUP関数を使用して、「商品」を指定して、それがどの
仕入先から仕入れたものか調べる方法を教えます。

以下は、VLOOKUP関数を使用して、指定された商品名を基準にして
仕入先を見つける例です。セルE1 に検索したい商品名が入力されて
いると仮定します。セルA列からD列にかけてデータがある範囲が
A1:D10 であるとします。

VLOOKUP関数の基本的な構文は次のようになります：

```excel
=VLOOKUP(検索する値，検索範囲，結果を返す列番号，近似一致)
```

（以下、略）

　VLOOKUP関数について聞いたところ、ChatGPTは実際に作成した表
をもとに、VLOOKUP関数の指定方法や引数の書き方などを回答してくれ
ました。
　この回答をもとに、作成している表に合わせて引数などを変更し、
VLOOKUP関数を記入してみました。ここではF1セルに商品名を記入す
ると、表の中からその商品の仕入先を調べ、これをF2キーに表示するよう
に設定しました。

| F2 | | fx | =VLOOKUP(F1,A:D,2,FALSE) | | | | | |

	A	B	C	D	E	F	G	H	I
1	商品	仕入先	単価	仕入れ数		メロン			
2	りんご	A商事	250	510		B物産			
3	みかん	B物産	120	202					
4	バナナ	C問屋	100	215					
5	いちご	D社	400	246					
6	ぶどう	A商事	350	293					
7	メロン	B物産	500	314					
8	桃	E社	300	357					
9	キウイ	D社	200	400					
10	パイナップル	B物産	300	423					
11	マンゴー	C問屋	450	465					
12									

VLOOKUP関数でF1セルに記入した商品の仕入先を表示させた

　作成している表が小さなものの場合は、VLOOKUP関数もたいしたことがないように思えますが、もっと大きく、何度もスクロールするほどの表の場合は、VLOOKUP関数の便利さが実感できるでしょう。

Point

ChatGPTからの回答にピンとこないときには、さらに具体的に実現したいことを指定して質問してみるとよい

fx 時短に最適なIF関数の使い方を調べる

セルに入力したデータが条件を満たしているかを判定する

　Excelの表作りで面倒なのが、セルに入力したデータが何らかの条件を満たしているかどうかを判定し、その結果によってデータの入力などを変更することです。

　たとえば、テストの成績を一覧表にし、80点以上なら評価に「A」を記入し、80点未満で60点以上なら「B」を、それ以下なら「C」を記入する、といった表を作成したいとき、この評価欄にはどのような関数を利用すればこれが簡単に実現できるでしょうか。

　これもChatGPTに聞いてみましょう。Excelの操作方法や関数などは、ChatGPTに詳しく説明しながら聞いてみれば、便利な方法や関数を即座に答えてくれます。

	A	B	C
1	名前	点数	評価
2	佐藤太郎	88	
3	鈴木一郎	62	
4	田中三郎	69	
5	山田四郎	53	
6	渡辺五郎	79	
7	山本花子	83	
8	佐々木由美	82	
9	高橋美子	75	
10	中村さおり	55	
11	鈴木由紀	60	

A12

テストの点数と評価を記入する表を作成

A列に名前、B列に点数、C列には評価を記入した表を作成したいと思います。C列の評価欄は、B列の点数によって「A、B、C」の3段階で表示します。この場合、C列のセルにはどのような関数を設定すればいいですか。なお、評価はB列の数値で判断し、次の基準にします。

#評価：

80以上はA

60から79はB

59以下はC

Excelでこれを行うためには、条件に基づいてC列に評価を表示するためのIF関数を使用できます。次のような手順で設定できます：

1. C列に「評価」を入力します。
2. 最初のセル（たとえばC2）に次の式を入力します：=IF(B2>=80, "A", IF(B2>=60, "B", "C"))
3. この式は、B列の値に応じてA、B、Cの評価を表示します。
4. この式をC列の他のセルにコピー＆ペースト（ドラッグダウン）すると、それぞれの行に対応する評価が表示されます。

これにより、B列の点数に基づいてC列に評価が表示されます。

　ChatGPTは、**IF関数**を利用して条件に基づいて評価を表示すればいいと答えてくれました。

　IF関数とは、記述されている数値を指定した条件に従って評価し、真（TRUE）か偽（FALSE）かを返してくれる関数です。また、条件に従って表示する値や文字を指定できます。

　ChatGPTの回答は、今回はいたってシンプルで、IF関数にこちらで指定した条件を引数として設定し、A、B、Cを入力するよう表示されています。表の内容を具体的に文章で指定したため、回答もシンプルで済んだのでしょう。

　回答では、「=IF(B2>=80, "A", IF(B2>=60, "B", "C"))」とあります。このIF関数は、指定する条件のネストが可能になっています。ネストとは、条件の中にさらに条件を入れ込むことで、この場合はB2セルの数値が80点より大きいときは「A」を、それ以外の場合、さらにB2の数値が60点より大きい場合は「B」を、それ以外の場合は「C」を、と条件をネストして設定しています。

　そこでChatGPTの例に従って、C列にIF関数を使って次のように指定します。

```
=IF(B2>=80, "A", IF(B2>=60, "B", "C"))
```

実際にExcelの表に設定してみましょう。

C2	‹‹	✕ ✓	*fx*	=IF(B2>=80, "A", IF(B2>=60, "B", "C"))					
	A	B	C	D	E	F	G	H	I	J
1	名前	点数	評価							
2	佐藤太郎	88	A							
3	鈴木一郎	62								
4	田中三郎	69								
5	山田四郎	53								
6	渡辺五郎	79								
7	山本花子	83								
8	佐々木由夫	82								
9	髙橋美子	75								
10	中村さおり	55								
11	鈴木由紀	60								
12										

B2セルにIF関数を記入する

　これで条件に従って、C3セルには「A」と表示されました。同様にC列の必要なセルに関数をコピー＆ペーストするだけで、評価を加えた成績表が簡単に作成できました。

　Excelで作成した表の形式や目的などをChatGPTに詳しく指定し、使用すべき関数を聞けば、正しい関数を回答してくれます。ExcelとChatGPTを連携させることで、Excelの作業も大幅に時短できるようになります。

> 🖐 **Point**
>
> Excelで作成した表の形式や目的などをChatGPTに詳しく指定し、使用すべき関数を聞けば、正しい関数を回答してくれる

fx 縦横を変更する関数を質問する

Excelで実現したいことを聞いてみる

初心者がExcelで作表しているときに陥りがちなのが、表の縦横を間違えて設定してしまうミスです。

たとえば、月別に商品ごとの販売数を記入した表を作成したとき、この表の縦横を変更し、商品別の販売数の表に変更したい、といったケースがあります。表をもとにグラフを描いたら、意味のないグラフになってしまい、表の縦横を変更したほうがいいこともあります。

	A	B	C	D	E	F	G	H	I
1	商品	1月	2月	3月	4月	5月	6月		
2	りんご	510	500	480	520	390	400		
3	みかん	202	200	255	198	170	167		
4	バナナ	215	210	248	233	199	284		
5	いちご	246	210	198	220	287	266		
6	ぶどう	293	265	233	209	287	311		
7	メロン	314	290	284	233	200	296		
8	桃	357	320	319	298	315	388		
9	キウイ	400	290	356	391	404	396		
10	パイナップル	423	398	380	327	399	315		

セル参照: A11

月別の商品販売数の表を作成した

この表の縦横を入れ替えるためには、コピー＆ペーストで別の表を作成したり、再度表を作成し直したりする必要があるのでしょうか。

そこでChatGPTに、表の縦横を即座に入れ替えられるか聞いてみました。

Excelの表の縦横を入れ替えるには、どのような方法がありますか。

 Excelで表の縦横を入れ替える方法はいくつかあります。一般的な方法は次の通りです。

方法1: 転置機能を使用する
1. 縦横を入れ替えたいデータを選択します。
2. コピーします（通常はCtrl + Cを使用します）。
（中略）

方法2: 関数を使用する
1. 縦横を入れ替えたいセルを選択します。
2. 新しい場所で、以下のようなTRANSPOSE関数を入力します：
   =TRANSPOSE(範囲)
（以下、略）

縦横を入れ替えたいデータを範囲選択し、「転置」機能を利用して入れ替える方法と、**TRANSPOSE関数**を利用する方法があると回答してくれました。

▼TRANSPOSE関数の使い方を質問する

そこでTRANSPOSE関数を利用してみることにします。ChatGPTの回答に続けて、「TRANSPOSE関数はどのように使えばいいのか」を質問してみます。

 TRANSPOSE関数はどのように指定して使うのですか。

 TRANSPOSE関数は、Excelでデータを縦横に入れ替えるための関数です。使用方法は以下の通りです：

例えば、セル範囲A1からB3までのデータを縦横に入れ替えたい場合を考えます。

1. 入れ替えたいデータを選択します。例えば、A1からB3までのセルを選択します。
2. 入力したい新しい位置（別の場所）を選択します。これはデータが縦に入れ替わる場所です。

（以下、略）

　TRANSPOSE関数は、縦横を入れ替えたい表の範囲を確認し、別の場所のセルにTRANSPOSE関数でこの表の範囲を引数として指定するだけでいいようです。
　実際に、作成した表のすぐ下に、TRANSPOSE関数に表のセル範囲を引数として指定し、エンターキーを押してみました。すると即座に縦横が入れ替わった表が表示されました。

A13		fx	=TRANSPOSE(A1:G10)								
	A	B	C	D	E	F	G	H	I	J	K	L
1	商品	1月	2月	3月	4月	5月	6月				
2	りんご	510	500	480	520	390	400				
3	みかん	202	200	255	198	170	167				
4	バナナ	215	210	248	233	199	284				
5	いちご	246	210	198	220	287	266				
6	ぶどう	293	265	233	209	287	311				
7	メロン	314	290	284	233	200	296				
8	桃	357	320	319	298	315	388				
9	キウイ	400	290	356	391	404	396				
10	パイナップル	423	398	380	327	399	315				
11											
12											
13	商品	りんご	みかん	バナナ	いちご	ぶどう	メロン	桃	キウイ	パイナップル	
14	1月	510	202	215	246	293	314	357	400	423	
15	2月	500	200	210	210	265	290	320	290	398	
16	3月	480	255	248	198	233	284	319	356	380	
17	4月	520	198	233	220	209	233	298	391	327	
18	5月	390	170	199	287	287	200	315	404	399	
19	6月	400	167	284	266	311	296	388	396	315	
20											

TRANSPOSE関数を使えば、即座に表の縦横を入れ替えた表が作成できる

　ChatGPT × Excelでは、Excelで実現したいことをChatGPTに質問し、その回答に沿ってExcelで関数などを指定すれば、**これまで頭を悩ませていた関数や、どうやって実現すればいいのかわからなかった機能などを、たちどころに実行できるようになります。**

　ChatGPTは10倍速で効果を発揮しますが、Excelと組み合わせることでそれ以上の時短につながり、絶大な効果を生み出します。Excelを利用しているような会社や部署には、必ず一人や二人、Excelに精通している社員がいることが多いでしょう。ChatGPTはそんな社員の代わりに、自分だけの先生として酷使することもできるのです。

fx 会計データを分析する

インターネットと組み合わせる

　多くの企業でExcelが利用されていますが、その使われ方はさまざまです。日々の営業報告をまとめたり、商品の在庫管理に使ったり、あるいはアンケートの集計、それに財務数値を記入して本格的な経営分析に役立てている企業もあるでしょう。

　自社の経営分析だけでなく、ChatGPTを利用すれば他社の経営分析を行うこともできます。ただし、無料版のChatGPTは2021年9月までのデータしか学習されていないので、それでは古い情報をもとにした分析しかできません。

　そこで**インターネットと組み合わせる**のです。ChatGPTはインターネットの情報を読み取ってくれないので、ここは調べたい企業の財務数値を独自にネットなどで調べて入手する必要があります。

　たとえば、Yahoo!ファイナンスなどには社名を指定して検索すれば、該当する社の業績や期間ごとの財務数値が簡単に入手できます。これらのデータを次のようにExcelの表にまとめておき、これをChatGPTに分析してもらうのです。

	A	B	C	D	E	F	G	H	I	J
1					(千ドル)					
2		2023年1月期	2022年1月期	2021年1月期	2020年1月期					
3	売上高	26,974,000	26,914,000	16,675,000	10,918,000					
4	営業利益	4,224,000	10,041,000	4,532,000	2,846,000					
5	税引前利益	4,181,000	9,941,000	4,409,000	2,970,000					
6	当期利益	4,368,000	9,752,000	4,332,000	2,796,000					
7										

ある企業の財務諸表をもとにExcelで表を作成した

この表をもとに、ChatGPTで、この会社の経営分析をしてほしいと指定しました。また表は、Excelの表を範囲指定してコピー＆ペーストしました。

次の数値をもとに、経営分析を行ってください。

	2023年1月期	2022年1月期	2021年1月期	2020年1月期
売上高	26,974,000	26,914,000	16,675,000	10,918,000
営業利益	4,224,000	10,041,000	4,532,000	2,846,000
税引前利益	4,181,000	9,941,000	4,409,000	2,970,000
当期利益	4,368,000	9,752,000	4,332,000	2,796,000

売上高、営業利益、税引前利益、そして当期利益の数値をもとに、経営分析を行いましょう。

まず、売上高の推移を見てみると、年々増加していることがわかります。特に、2022年から2023年の売上高はほぼ横ばいで推移しています。

次に営業利益を見ると、2022年から2023年にかけて急激に減少しています。これは売上高が横ばいだったにもかかわらず利益が減少したことを示しています。原因としては、コストの増加や効率の悪化などが考えられます。
（以下、略）

Memo

Excelの表をコピーし、ChatGPTのプロンプトに貼り付けると、簡単な表形式で表示される。この表をもとに、ChatGPTは経営分析を行っている

全体的にいえば、ChatGPTの分析は大雑把でごく一般的な回答ともいえますが、プロンプトに企業名や分析したい項目などを指定したり、その企業の最近の動向を補足して記入したりすれば、もっと詳しい分析を行ってくれます。

　なお、このChatGPTの回答を自社の経営戦略に取り込む際には、必ず専門家が検証する必要があります。ChatGPTは平気でウソを回答することもあるからです。

　しかし、新入社員でもChatGPTを利用すれば、即座にこの程度のことが可能になるのです。これらの結果を報告書や提案書などに入れ込めば、あなたの評価も高まるのではないでしょうか。

Point

ChatGPTの回答を自社の経営分析に取り込む際には、必ず専門家のチェックが必要

fx　Excelマクロを調べる

Excel作業を自動化する

　ChatGPTでExcelの関数を調べたり、その利用法を知ることができましたが、Excelのマクロでもまったく同じです。

　Excelには**マクロ**という機能があります。マクロとは、複数の操作や手順を1つにまとめ、必要な場面で呼び出して利用できる機能です。Excelのマクロは**VBA**（Visual Basic for Applications）というプログラミング言語で作成されます。

　プログラミングだのVBAだの、ただでさえExcelの操作そのものが難しいのに、マクロにまで手が出せないというユーザーは少なくありません。実際にやってみるまで、食わず嫌いの人も多いでしょう。

　たとえば、毎日、あるいは毎週、毎月など、必ず作成しなければならない表があったとします。毎日の営業報告書でも、月末に出す経費精算書でも構いません。

　これらの書類をExcelで作成する場合、最初にひな形のファイルを作成しておき、これをコピーして再利用するのが一般的でしょう。しかし、このひな形のファイルがどこかへ行ってしまい、見当たらなかったらどうでしょう。以前作ってプリントしてあったものを見ながら、再度入力していくことになりかねません。

　けれども、これがマクロで作成されていたらどうでしょう。必要なマクロを実行するだけで、必要な書類のひな形が自動的に作成されるのです。マクロを利用するとは、いわば**Excelでの作業を自動化する方法**なのです。

▼マクロ作成の手順

　マクロを作成する手順は、シートを開いたらメニューから「表示」を指定します。表示タブ画面が開いたら右端の「マクロ」ボタンをクリックし、

「マクロの表示」を指定します。すると「マクロ」ダイアログボックスが開きます。

ここに追加されているマクロの一覧が表示されるので、実行したいマクロを指定して「実行」ボタンをクリックするだけです。

これだけでマクロが実行されます。ただし、い
まはまだマクロを追加し

マクロ
マクロ名:
[🔍]
[   ]
[+] [−]
マクロの場所: [開いているすべてのブック ▼]
説明: [オプション...]
[キャンセル]   [ステップ] [編集] [実行]

「マクロ」ダイアログボックス

ていないので、「マクロ」ダイアログボックスには何も表示されていません。

では、実際にマクロを作成してシートに追加してみましょう。ここでは例として、経費精算書の表を作成するためのマクロを作ってみましょう。

マクロを作るといっても、それほど難しい操作はありません。経費精算書のマクロを作成するなら、通常と同じようにセルに文字列を記入していき、表を作成します。ただし、そのキー操作そのものをExcelに覚えさせ、それをマクロとして保存すればいいのです。

たとえば、A1セルに「日付」、B1セルに「支払先」、C1セルに「金額」を記入した表を作成するとします。キー操作を覚えさせるために、シートを開いたらまず表示タブ画面の「マクロ」ボタンをクリックし、「マクロの記録」を指定します。

「マクロの記録」ダイアログボックスが現れるので、マクロ名を確認・変更し、必要ならマクロの保存先、ショートカットキー、説明などを記入しておきます。よければ「OK」ボタンをクリックします。

これでこれ以降のキー操作、入力などがマクロとして記録されます。ここではA1セルに「月日」、B1セルに「支払先」、C1セルに「金額」と記入

しました。

　操作が終わったら「マクロ」ボタンをクリックし、メニューから「記録終了」をクリックします。

1　「マクロ」をクリックし（①）、マクロメニューから「マクロの記録」を指定する（②）

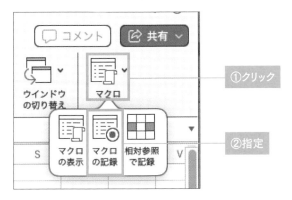

2　「マクロの記録」ダイアログボックスが現れるので、マクロ名を確認・変更し（①）、必要ならマクロの保存先、ショートカットキー、説明などを記入しておく（②）。よければ「OK」ボタンをクリックする（③）

3 「マクロ」ボタンをクリックし（①）、「記録終了」をクリックする（②）

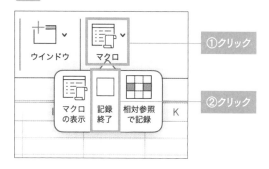

それでは、いま作成したマクロを実行してみましょう。記入した文字列をすべて削除し、マクロメニューから「マクロの表示」を指定します。すると、ここに作成したマクロが追加されているはずです。

このマクロを選択して、「実行」ボタンをクリックしてみましょう。マクロが実行され、A1、

作成したマクロが追加されている

B1、C1セルに文字列が記入されていれば、これはマクロが実行されて自動で操作されたものです。

実際に記録されているマクロの内容は、表示タブバーで「マクロ」-「マクロの表示」を指定し、「マクロ」ダイアログボックスで内容を表示したいマクロを選択した状態で「編集」ボタンをクリックします。するとVBAのエディタ画面が開きます。

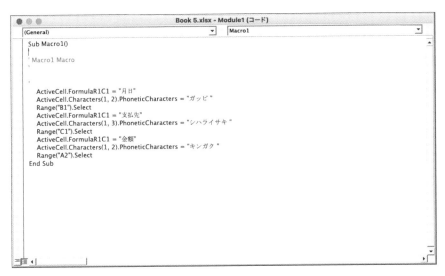

```
        Book 5.xlsx - Module1 (コード)
(General)                              Macro1
Sub Macro1()
'
' Macro1 Macro
'
'
    ActiveCell.FormulaR1C1 = "月日"
    ActiveCell.Characters(1, 2).PhoneticCharacters = "ガッピ"
    Range("B1").Select
    ActiveCell.FormulaR1C1 = "支払先"
    ActiveCell.Characters(1, 3).PhoneticCharacters = "シハライサキ"
    Range("C1").Select
    ActiveCell.FormulaR1C1 = "金額"
    ActiveCell.Characters(1, 2).PhoneticCharacters = "キンガク"
    Range("A2").Select
End Sub
```

VBAエディタ画面。指定したマクロの内容が表示されている

　プログラミング初心者なら、この画面が開いてもほとんど意味がわから
ないでしょう。しかし、この画面でVBA言語を使ってプログラムを編集す
ることで、マクロの動作を変更したり、あるいはマクロに別の機能を追加
したりする、といったことも可能になります。Excelをもっと追求したけ
れば、マクロやVBAについて勉強してみるといいでしょう。

fx マクロを作るコツとプロンプト

一瞬でマクロを作成する

Excelのマクロやメ VBAを少し使ってみて便利だと実感したら、**独自にマ
クロを作成して利用してみましょう。**

といっても、VBAを学ぶのは少しハードルが高いと感じるかもしれませ
ん。こんなときこそChatGPTです。

たとえば、ChatGPTに次のように指定して質問してみましょう。

**Excel で A1 セルから F20 セルまでの表を作成しました。この表で、
A1 セルの背景色をグレーに、さらに 2 行目から 20 行目まで 1 行おき
に背景色を設定したいのですが、マクロでどのように記述すればいい
でしょうか。**

Excel VBA を使用してマクロを作成して、指定した要件に合わせて背
景色を設定することができます。以下はその例です。

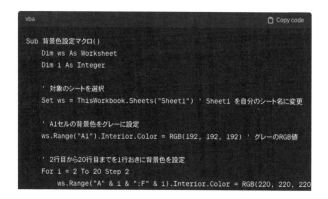

```vba
Sub 背景色設定マクロ()
    Dim ws As Worksheet
    Dim i As Integer

    ' 対象のシートを選択
    Set ws = ThisWorkbook.Sheets("Sheet1") ' Sheet1 を自分のシート名に変更

    ' A1セルの背景色をグレーに設定
    ws.Range("A1").Interior.Color = RGB(192, 192, 192) ' グレーのRGB値

    ' 2行目から20行目までを1行おきに背景色を設定
    For i = 2 To 20 Step 2
        ws.Range("A" & i & ":F" & i).Interior.Color = RGB(220, 220, 220
```

（以下、略）

　ChatGPTは即座にVBAマクロを表示し、さらに設定方法、マクロの登録方法、それにマクロの実行方法まで詳しく解説してくれました。マクロ部分は「vba」と記載されたところにあり、右上に「Copy code」というボタンが表示されています。

▼マクロをExcelシートに組み込む方法

　このマクロをExcelのシートに組み込むには、ChatGPTの回答の通り、まずExcelのシートを開き、[Alt]+[F1]キーを押してVBAエディタを開きます。または、「開発」タブで「Visual Basic」を指定するか、メニューから「ツール」-「マクロ」-「Visual Basic Editor」を指定します。

　次にメニューから「モジュールの挿入」-「標準モジュール」を指定します。すると新しいモジュールの作成画面に変わります。ここにVBAコードを貼り付けるのですが、これはChatGPTの回答の中で「Copy code」ボタンをクリックしてクリップボードにコードをコピーし、これを標準モジュールのエディタ画面内に貼り付けるだけです。

　これで完成です。「ファイル」メニューをクリックし、「保存」メニューをクリックします。これで開いていたシートに、いま作成したマクロが保存されました。

1 [Alt]+[F1] キーを押す、もしくはメニューから「ツール」-「マクロ」-「Visual Basic Editor」を指定して VBA エディタを開く

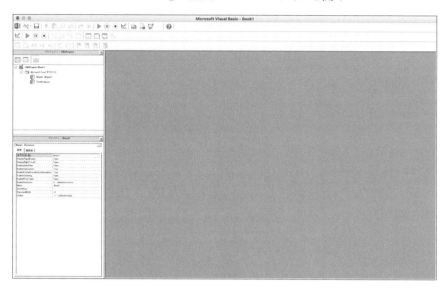

2 メニューから「標準モジュール」を指定する

3　ウィンドウ内にChatGPTが作成したコードをコピー＆ペーストする

4　ファイル形式を「マクロ有効ブック」で保存する

▼実際にマクロが動作するか試してみる

　実際にマクロが動作するか、試してみましょう。「表示」タブ画面で「マクロ」を指定し、さらに「マクロの表示」を指定します。すると「マクロ」ダイアログボックスが開きますが、ここにいま追加した「背景色設定マクロ」という名前のマクロが表示されています。このマクロを選択し、「実行」ボタンをクリックします。

1 「表示」タブ画面で「マクロ」を指定し（①）、「マクロの表示」を指定する（②）

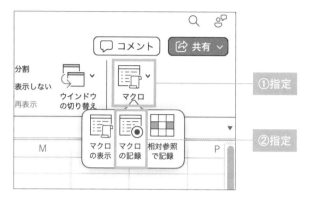

2 「マクロ」ダイアログボックスで追加したマクロを選択し（①）、「実行」ボタンをクリックする（②）

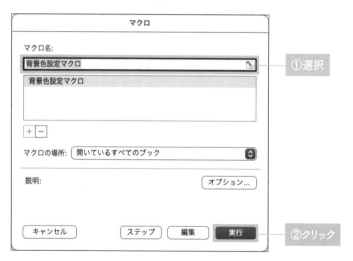

3 作成している表が、1行おきに背景色が変わった

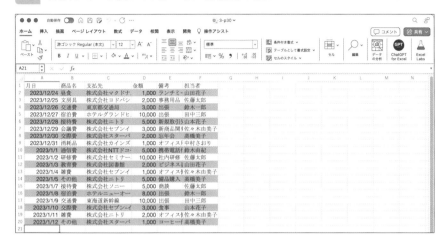

　ChatGPTに作ってもらったマクロ、ここでは1行ごとに背景色を変更するというマクロが、正しく動作しました。ChatGPTを利用すれば、Excelのマクロも驚くほど簡単に作成できるようになるのです。

> 🖐 **Point**
>
> ChatGPTを利用すれば、簡単に独自のマクロが作成できる

fx VBAコードを貼り付けて質問する

作成したマクロを改良する

　前節で作成したマクロは、実は少し想像していた動作と異なっています。

　たとえば、1行目は列の説明を書いた行ですから、この行はA1からF1まで背景色をグレーに設定したいです。さらに次行から1行おきに背景色を付けてくれましたが、色は薄いグリーンにしたいです。

　さらに欲張ると、全体を少し太めの罫線で外枠を付けたいと思います。こんな感じに変更できないでしょうか。

　VBAを少し勉強すれば、これらの変更は簡単に行えることがわかります。たとえば、ChatGPTが作ったコードの中に次の1行があります。

```
' A1セルの背景色をグレーに設定
  ws.Range("A1").Interior.Color = RGB(192, 192, 192) ' ➡
グレーのRGB値
```

　これはA1セルの背景色をグレーにする設定です。A1からF1までをグレーに設定したければ、次のように変更するだけです。

```
ws.Range("A1:F1").Interior.Color = RGB(192, 192, 192)
```

　ただし、こんな簡単な変更ばかりではありません。また、作成したマクロによっては、うまく動作しないケースもあるでしょう。こんなときは、やはり**ChatGPTにコードを貼り付けて解決策を聞いてみましょう。**

　たとえば、1行おきに背景色として設定する色を、淡いグリーンに変更するにはどうすればいいのか聞いてみました。

次のVBAコードで、1行おきに背景色として設定する色を、淡いグリーンにしてください。
（コードを貼り付ける）

　この質問で、「（コードを貼り付ける）」と記述した部分は、VBAコードです。マクロを追加したシートのメニューから、「マクロ」-「マクロの表示」を指定し、現れた「マクロ」ダイアログボックスで変更したいマクロを選択し、「編集」ボタンをクリックします。
　するとVBAエディタ画面が表示されるので、先頭部分から末尾までをドラッグして選択し、[Ctrl]+[C]キーを押してクリップボードにコピーします。
　次にChatGPTのチャットを開き、前記の質問に続けて[Ctrl]+[V]キーを押して、クリップボードにコピーしておいたコードを貼り付けます。

 次のVBAコードで、1行おきに背景色として設定する色を、淡いグリーンにしてください。
Sub 背景色設定マクロ()
　Dim ws As Worksheet
　Dim i As Integer
（中略）

 次のVBAコードを使用して、1行おきに背景色を設定し、淡いグリーンにします。RGB値(144, 238, 144)を使用して淡いグリーンを表現しています。

```vba
Sub 背景色設定マクロ()
    Dim ws As Worksheet
```

（以下、略）

これでChatGPTから回答が表示されます。回答には、グリーンに設定するための指定が追加されています。

　あとは「Copy code」をクリックしてクリップボードにコピーし、ExcelのVBAエディタ画面で[Ctrl]+[V]キーを押して貼り付けるだけです。コードはすべて記述されているので、前のコードを新しいコードで上書きしてしまって構いません。

　前回と同じように、Excelの「ファイル」メニューで、このマクロを保存して、実際にマクロを動かしてみましょう。表が1行おきに背景色が設定され、この色が淡いグリーンになっていれば成功です。

	A	B	C	D	E	F	G	H	I	J	K	L
1	月日	商品名	支払先	金額	備考	担当者						
2	45284	昼食	株式会社マク	1000	ランチミーテ	山田花子						
3	45285	文房具	株式会社ヨド	2000	事務用品	佐藤太郎						
4	45286	交通費	東京都交通局	3000	出張	鈴木一郎						
5	45287	宿泊費	ホテルグラン	10000	出張	田中三郎						
6	45288	接待費	株式会社ニト	5000	新規取引先	山本花子						
7	45289	会議費	株式会社セブ	3000	新商品開発会	佐々木由美子						
8	45290	交際費	株式会社スタ	2000	忘年会	高橋美子						
9	45291	消耗品	株式会社カイ	1000	オフィス用品	中村さおり						
10	44927	通信費	株式会社NTT	5000	携帯電話代	鈴木由紀						
11	44928	研修費	株式会社セミ	10000	社内研修	佐藤太郎						
12	44929	教育費	株式会社図書	2000	ビジネス書購	山田花子						
13	44930	雑費	株式会社セブ	1000	オフィス備品	佐々木由美子						
14	44931	その他	株式会社ニト	5000	備品購入	高橋美子						
15	44933	接待費	株式会社ソニ	5000	商談	佐藤太郎						
16	44934	宿泊費	ホテルニュー	8000	出張	鈴木一郎						
17	44935	交通費	東海道新幹線	10000	出張	田中三郎						
18	44936	交際費	株式会社セブ	3000	食事	山本花子						
19	44937	雑費	株式会社ニト	2000	オフィス備品	佐々木由美子						
20	44938	その他	株式会社スタ	1000	コーヒー代	高橋美子						
21												

紙面では見づらいが、1行おきに淡いグリーンの背景色が設定された

　ChatGPTを利用すれば、**Excelのマクロを作成することも、作成したマクロを改良することも、自由自在に行えるようになります**。ChatGPTはテキスト生成AIですが、文章を生成するだけでなく、プログラミングも得意なのです。このChatGPTの機能を利用すれば、Excelはもっと便利に活用できるようになるはずです。

👆 **Point**

ChatGPTは文章の生成だけでなく、プログラミングも得意分野のひとつ

fx Google スプレッドシートで GPT 関数を利用する準備

「GPT for Sheets and Docs」アドインを利用する

Excelで関数やマクロを利用する基本的な方法がわかったら、Excelと ChatGPTとを連携して利用できる関数を使ってみましょう。

これまでExcelの操作などでChatGPTを使い、機能を説明してもらった り、あるいは数式や関数、マクロなどをどう書けばいいのか教えてもらっ たりしましたが、実はChatGPTとExcelを連携させるもっと便利な方法が あるのです。

それが**GPT関数**とそれに関連する関数です。ただし、GPT関数はExcel では利用できません。そこでExcelと同じような機能で、Googleが提供して いる**Googleスプレッドシート**というWebアプリを利用してみましょう。 GoogleスプレッドシートはExcelと互換性があり、またGoogleアカウント （Gmailアドレス）を持っているユーザーなら、誰でも利用できます。

このGoogleスプレッドシートには、「**GPT for Sheets and Docs**」と いうアドインがあり、このアドインを利用してスプレッドシート上で ChatGPTが利用できるようになるのです。

アドインとは、機能を追加するためのプログラムで、「GPT for Sheets and Docs」アドインを利用すれば、Googleスプレッドシート上で直接 ChatGPTを操作できるようになる便利なプログラムです。

▼ 「GPT for Sheets and Docs」アドインのインストール法

Googleスプレッドシートで「GPT for Sheets and Docs」アドインを利用 するためには、まずスプレッドシートにアドインをインストールする必要 があります。

まず、新しいスプレッドシートのシートを開きます。

「Google Workspace Marketplace」ウィンドウが開いたら、「アプリを検索」ボックスにGPTやChatGPTなどと記入し、ChatGPT関連のアドインを探します。ここでは「GPT for Sheets and Docs」という名前で登録されているので、直接この名前を指定してもいいでしょう。

「GPT for Sheets and Docs」が見つかったら、これをクリックします。詳しい内容が表示されるので、画面右上のほうにある「インストール」ボタンをクリックします。

1 「空白のスプレッドシート」を指定し、新しいシートを開く

2 開いたシートで「拡張機能」-「アドオン」-「アドオンを取得」を指定する

3 「Google Workspace Marketplace」ウィンドウが開く

4 「Google Workspace Marketplace」で 「GPT for Sheets and Docs」を探し、これをクリックする

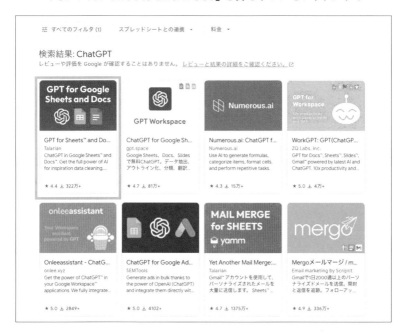

5 目的のアドインが見つかったら、詳細説明ページで「インストール」ボタンをクリックする

6 「インストールの準備」ダ
イアログボックスに変わ
るので、「続行」をクリッ
クする

7 しばらくするとアドオンのインス
トールが完了する

8 「拡張機能」メニューに「GPT for Sheets and Docs」が追加されている

　画面の指示に従って操作していくと、アドオンのインストールが完了します。インストールが完了したら、「拡張機能」メニューを確認してみましょう。ここに「GPT for Sheet and Docs」というメニューが追加されていれば成功です。

　なお、この「GPT for Sheet and Docs」は名前の通りスプレッドシート

だけでなく、Googleドキュメントでも利用できます。また、スプレッドシートではなくドキュメントからアドオンをインストールすることもできます。

⊘注意‼

アドオンがインストールできずエラーが出る場合は、ブラウザのCookieを削除してからインストールする。他のアドオンをインストールしたり、あるいはアドオンのインストールに失敗したりしたときなど、その情報がCookieに残っており、正しくインストールできないことがある。

Cookieを削除するには、たとえばブラウザにChromeを利用している場合なら、ブラウザのメニューから「設定」を指定し、「プライバシーとセキュリティ」-「閲覧履歴データの削除」を指定し、現れた「閲覧履歴データの削除」ダイアログボックスで「Cookieと他のサイトデータ」にチェックマークが入って有効になっているのを確認し、「データを削除」ボタンを押してCookieを削除してみるとよい

ブラウザのCookieを削除する。画面はChromeの例

fx アドオンに OpenAI APIキーを登録する

アドオンでChatGPTを利用できるように設定する

　アドインをインストールしただけでは、まだスプレッドシートとChatGPTとは連携できません。連携させるためには、**ChatGPTのAPIキー**が必要になります。

　APIとは、サービスを利用するためのアプリのユーザーが誰なのかを識別するためのもので、ChatGPTを提供するOpenAIがAPIキーを発行しています。

　OpenAIのAPIキーのページ（https://platform.openai.com/docs/overview）にアクセスし、ChatGPTを利用しているアカウントでログインします。すると自分のAPIリファレンスページが表示されるので、左下にある「Documentation」をクリックし、さらに現れたメニューから「API keys」をクリックします。

　すると「API keys」ページが表示され、このページでOpenAIのAPIキーが取得できます。

　APIキーを発行するには、ページ内の「Create new secret key」ボタンをクリックします。

　すると「Create new secret key」ダイアログボックスが現れるので、「Create」ボタンをクリックします。これでAPIキーが生成されて表示され、選択状態になっているので、このキーをクリップボードにコピーします。

　次にGoogleスプレッドシートに戻り、メニューから「拡張機能」-「GPT for Sheets and Docs」-「Set API key」をクリックします。これで画面左端に「GPT for Sheets and Docs」ウィンドウが現れます。

　このウィンドウで、OpenAIで取得したAPIキーをセットします。具体的には、「Entern your OpenAI API key」のボックスに、クリップボードに

コピーしておいたOpenAIのAPIキーを貼り付けるだけです。

　APIキーを貼り付けたら、「Next」ボタンをクリックします。これで「Get started」と書かれたページに変われば、APIキーのセットが完了です。

1 OpenAIのAPIキーのページで、API keysをクリックする

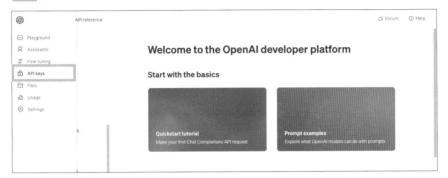

2 API keysページで「Create new secret key」ボタンをクリックする

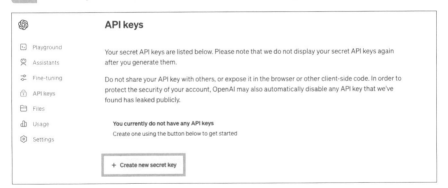

3 「Create new secret key」ダイアログボックスで「Create」ボタンを
クリックする

名前のところは
空白でも構わない

4 Googleスプレッドシートに戻り、メニューから「拡張機能」-「GPT for
Sheets and Docs」-「Set API key」を指定する

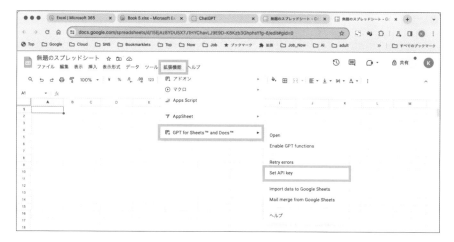

5 「GPT for Sheets and Docs」ウィンドウが現れる

6 APIキーのセットが完了し、GPT関数の利用法が表示される

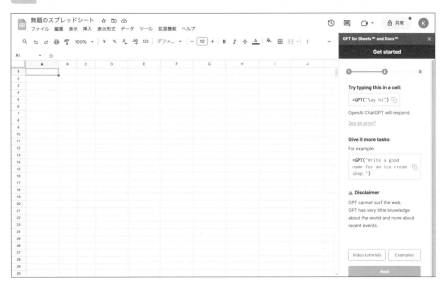

　なお、OpenAIのAPIキーは、サービス開始当初は18ドル分まで無料で
利用できたのですが、現在は有料になっています。といっても、最初の18

ドルまたは3カ月以内ならば無料で利用できます。

　有料に移行したため、初めてAPIキーを利用するときも、クレジットカードの登録が必要です。これはOpenAI API keysのページで、左側メニューから「Settings」を指定し、さらにサブメニューの「Billing」メニューを指定して現れたページで登録します。

　このページで、「Add payment details」ボタンをクリックすると、「What best describes you?」と書かれたダイアログボックスが現れるので、個人で利用するときは「Individual」を、法人の場合は「Company」を指定し、さらに現れた「Add payment details」ダイアログボックスで支払いに利用するカード情報を記入して登録します。

　これで問題がなければ、OpenAI API keyを利用できるようになります。

1 API keysページのBilling欄で、「Add payment details」ボタンをクリックする

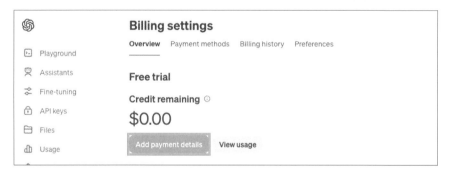

2 個人アカウントか法人アカウントかを選択する

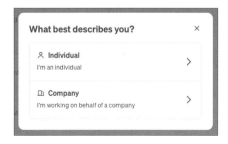

3 支払いのためのカード情報を記入して「Continue」ボタンをクリックし、
登録する

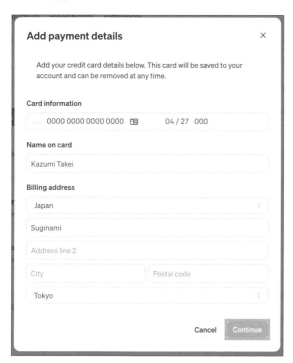

注意!!

OpenAI API keyは有料となっているが、これはChatGPTの有料版（ChatGPT
Plus）の料金とは別に有料登録する必要がある。ChatGPT PlusとAPIキー
を利用する場合は、どちらもクレジットカードなどを登録する必要があ
る。APIキーだけを利用したい場合は、APIキーの有料登録だけで構わない

fx スプレッドシートでGPT関数を使う

ChatGPTのページに移動する必要がない

「GPT for Sheets and Docs」をインストールすると、Googleスプレッドシートで ChatGPTが使えるようになります。

具体的にいえば、GPT関数を指定して、スプレッドシート内から ChatGPTの回答を取得できるようになるのです。たとえば、A1セルに次のように記入してみましょう。

=GPT("生成AIとは")

A1セルを記入してエンターキーを押すと、しばらくして ChatGPTの回答がA1セルに表示されていきます。どうでしょう、ChatGPTのページに移動して指示を出し、その回答を得なくても、**スプレッドシート内で同じことができてしまう**のです。

B1	▼	fx =GPT("生成AIとは")		
	A	B		C
1		生成AIは、人工知能の一種で、自己学習や自己進化を行い、新しいデータや情報を生成することができる技術です。生成AIは、画像、音声、文章などのデータを生成することができ、自然言語処理や深層学習などの技術を用いて、高度な精度でデータを生成することが可能です。生成AIは、クリエイティブな分野や、医療、金融、製造業などの様々な分野で活用されています。		
2				

A1セルにChatGPTの回答が表示された

もちろん、これは一例にすぎません。GPT関数が利用できるということは、たとえばA列のいくつかのセルに質問を記入し、B列にはGPT関数を利用して次のように記述します。

=GPT(A1)

　このGPT関数を記入したセル
を、必要なだけコピーして貼り付
けてみましょう。これでB列には
A列の質問に対するChatGPTの
回答が自動的に表示されるよう
になるのです。

B5	▼	*fx* =GPT(A5 & "の設立年は")	
	A	B	
1	apple	1976年です。	
2	amazon	1994年です。	
3	google	1998年です。	
4	Microsoft	1975年です。	
5	Facebook	2004年です。	
6			

複数のセルにGPT関数を設定し、自動的に
ChatGPTの回答を表示させる

　GPT関数では、セルを参照した
り、直接ChatGPTへの指示や質
問を書き込んだりすることで、簡単にChatGPTの回答を表示できます。

　スプレッドシートとChatGPTを組み合わせれば、いつもの作業がもっ
と便利でスピーディーに行うことができ、効率アップにもつながるはずで
す。APIキーを利用しすぎると、その分、料金もかかってしまいますが、
GPT関数が便利に利用できるようなら、料金以上の成果を上げられるはず
です。

👆 Point

GPT for Sheets and Docsを使えば、スプレッドシート内からChatGPTの
回答を取得できる

fx もっと詳しい GPT 関数の使い方

「GPT for Sheets and Docs」で利用できる GPT 関数

GPT関数には、いくつかの指定方法があります。すでに説明したように、直接ChatGPTに対する指示や質問を記入する方法や、セルに指示や質問を記入しておき、GPT関数でこのセルを指定する方法などです。

さらにいくつかの指定方法もあり、またGPT関数以外にも利用できる関数があります。これらは**「GPT for Sheets and Docs」のウィンドウから参照すること**もできます。

「拡張機能」メニューで「GPT for Sheets and Docs」の「Open」を指定すると、開いているシートの右側にGPT関数のウィンドウが現れます。このウィンドウの上部左側にあるメニューボタンをクリックすると、いくつものメニューが表示されるので、この中から「List of GPT functions」項目をクリックしてみましょう。すると、「Get started」を指定すると、ウィンドウ内には「GPT for Sheets and Docs」で利用できるGPT関連の関数が表示されています。

GPT関数の「Get started」画面

このウィンドウ内を見るとわかるように、この拡張機能では、GPT関数やGPT_LIST関数、GPT_HLIST関数、GPT_SPLIT関数など、本書執筆時（2024年2月）には18個もの関数が利用できるようになっています。それぞれの関数の機能や指定方法は、関数名の右端のボタンをクリックすれば

参照できるようになっています。

たとえば、「GPT_LIST」関数を見てみましょう。この関数は、ChatGPTから箇条書きで回答されたものをリスト形式で表示する関数で、リストは各行に記入されていきます。

リスト形式での回答ですから、そのままスプレッドシートの表として作成できます。仕事で使う表を作成するとき、リスト形式でデータを並べたいケースは少なくないでしょう。これま

A1	▼	f_x =GPT_LIST("東京23区")
	A	**B**
1	千代田区 (Chiyoda-ku)	
2	中央区 (Chuo-ku)	
3	港区 (Minato-ku)	
4	新宿区 (Shinjuku-ku)	
5	文京区 (Bunkyo-ku)	
6	台東区 (Taito-ku)	
7	墨田区 (Sumida-ku)	
8	江東区 (Koto-ku)	
9	品川区 (Shinagawa-ku)	
10	目黒区 (Meguro-ku)	
11	大田区 (Ota-ku)	
12	世田谷区 (Setagaya-ku)	

GPT_LIST関数を利用すれば、即座に表が作れる

での作業を思い出してください。さまざまなデータからリストを取得し、これを表の各セルに記入していたはずです。

ところがGPT_LIST関数を利用し、リストとなる命令を記述するだけで、一瞬でリストの表が作成できます。

もちろん、ChatGPTの回答をリスト形式で取得し、これを表として記入してくれるのですが、ほぼ自動的に作業は終わってしまうはずです。あとは正しいかどうかを確認するだけです。

このGPT_LISTやGPT_HLISTなど、いくつかの関数も、実はExcelでアドインを入れれば利用できるようになるのです。

ChatGPTとスプレッドシートやExcelを組み合わせて利用すれば、爆速で表作りが行えるようになります。Excelでこの便利なアドインを使い、どのようなことができるのか、次章で詳しく説明しましょう。

Chapter 4

ChatGPT APIで
関数を使う

ChatGPTをExcelのアドインで使う

最強の仕事環境が構築できる

前章で紹介したように、Googleスプレッドシートでは拡張機能の「GPT for Sheets and Docs」を利用することで、GPT関数が利用できるようになり、スプレッドシート内からChatGPTの回答を得られるようになります。

同じように、Excelでもアドインを利用することで、GPT関数と同じような機能を実現できます。利用するのは、「**ChatGPT for Excel**」というアドインです。

▼Excelでアドインを利用する方法

Excelでアドインを利用するには、まずアドインを追加する必要があります。これはExcel画面でメニューから「挿入」を指定し、表示された挿入ツールバーの「アドインを取得」ボタンをクリックします。すると「Officeアドイン」ウィンドウが開きます。

「Officeアドイン」ウィンドウで検索窓に「ChatGPT」などと入力し、「ChatGPT for Excel」を検索しましょう。

見つかったら、このアドインの右端にある「追加」ボタンをクリックします。すると「ChatGPT for Excel」アドインの詳細ページが表示されるので、このページで「追加」ボタンをクリックします。

画面の指示に従って進んでいくと、Excelに「ChatGPT for Excel」アドインが追加されます。

> **📖 Memo**
>
> ChatGPT for Excelアドインのいくつかの機能を利用するためには、OpenAIのAPIキーが必要になる。このAPIキーの取得方法については150ページで詳しく解説したので、そちらを参照してAPIキーを取得する

1 「挿入」ツールバーで「アドインを取得」をクリックする

2 「Officeアドイン」ウィンドウが開いたら、「ChatGPT」などと入力して
アドインを検索し（①）、見つかったら「追加」をクリックする（②）

3 アドインの詳細画面で
「追加」ボタンをクリッ
クして、アドインを追加
する

4 「少々お待ちください...」というダイア
ログボックスが表示されたら、「続行」
ボタンをクリックする

5 Excel画面に戻り、右端に「アドインの更新」ウィンドウが表示されたら、
「今すぐ更新」をクリックする

▼無料版と有料版がある

OpenAIのAPIキーを取得したら、Excel画面のツールバーに追加されて
いる「ChatGPT for Excel」ボタンをクリックします。すると画面右側に
「ChatGPT for Excel」のウィンドウが現れます。

ChatGPT for Excelアドインは、ユーザーが取得しているOpenAIのAPI
キーを利用する場合は無料で利用できますが、アドイン配布元のApps Do
のAPIキーを利用する場合は月額7.99ドルかかります。OpenAIのAPI
キーは有料ですが、無料版ChatGPT（GPT-3.5）を利用する場合は1,000
トークン当たり0.001米ドルです（2024年2月現在）。1,000トークンだと
日本語で700～800文字程度。0.001米ドルは約0.14円です。

APIキーを使って指示したものへのChatGPTの回答にも、1,000トーク
ン当たり0.002米ドルの料金がかかります。使い方によっても料金が大き
く異なってくるので、自分で取得した無料版のAPIキーを利用するか、
ChatGPT for Excelの有料版を利用するかを決めるといいでしょう。

自分で取得したOpenAIのAPIキーを利用するときは、左側画面で「Use
own OpenAI API key」のボタンをクリックして有効にし、すぐ下に現れた
「Your API Key」ボックスに、取得しているAPIキーを記入します。

APIキーを入力するとAPIキーが有効かどうかが確認され、認証が終わ
るとChatGPT for Excelアドインが利用できるようになります。

1 ツールバーで「ChatGPT for Excel」をクリックする

2 右端に ChatGPT for Excel のウィンドウが表示されるので、ウィンドウ左側のメニューアイコンで「Plans」をクリックする

3 プランを表示する画面に変わったら、「Use own OpenAI key」をクリックして有効にする

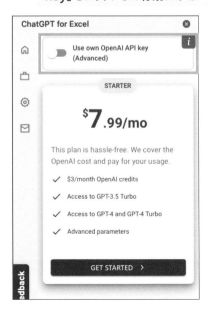

4 自分で取得している OpenAI の API キーを記入する

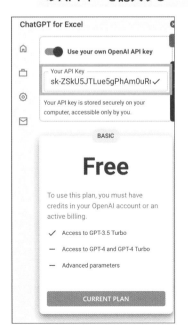

ChatGPT for Excelを使って コンテンツを作る——AI.ASK関数

Excelの中だけでChatGPTとのやり取りができる

ChatGPT for Excelアドインを組み込むと、Excel内からChatGPTを利用できるいくつかの関数が使えるようになります。たとえば、ChatGPTに質問してコンテンツを作成できる**AI.ASK関数**です。

AI.ASK関数は、たとえば次のように指定します。

=AI.ASK("生成AIとは")

しばらくすると、この関数を記入したセルに、AI.ASK関数で指定したテキストに対するChatGPTの回答が表示されます。

A1	◆	× ✓	*fx*	=_xldudf_AI_ASK("生成AIとは")			
	A				B	C	D

AI（人工知能）は、コンピューターシステムが人間の知能を模倣する能力を指します。AIは、機械学習、深層学習、自然言語処理などの技術を使用して、データを解析し、問題を解決する能力を持っています。AIは、自動運転車、音声アシスタント、医療診断、金融取引など、さまざまな分野で活用されています。

AI.ASK関数で質問した回答が表示される

　特に難しいことはありません。ChatGPTに質問したり指示を出したりするのと同じように、AI.ASK関数で指定すればいいだけです。関数を指定していたセルには、ChatGPTの回答が表示されます。ChatGPTで質問したときに回答が表示されたのと同じですが、それがExcelの中だけで実行できるわけです。

▼セルを引数として指定する

　同じように、AI.ASKに**セルを引数として指定すること**もできます。

```
=AI.ASK(A1)
```

　AIセルにChatGPTに聞きたい質問、たとえば「生成AIとは」と記入し、B1セルでAI.ASK関数を記入してみました。

A1		f_x	生成AIとは		
	A	B		C	D
		AI（人工知能）は、コンピューターシステムが人間の知能を模倣する能力を指します。AIは、機械学習、深層学習、自然言語処理などの技術を使用して、データを解析し、問題を解決する能力を持っています。AIは、自動運転車、音声アシスタント、医療診断、金融取引など、さまざまな分野で活用されています。			
	生成AIとは				
1					
2					

AI.ASK関数にセルを引数として設定した

　複数のセルにさまざまな質問を記入して、AI.ASK関数を利用してChatGPTの回答を表示させることも可能です。AI.ASK関数を記入したら、このセルをコピー＆ペーストすれば、しばらく待つだけでそれぞれの

質問に対するChatGPTの回答が表示されていきます。

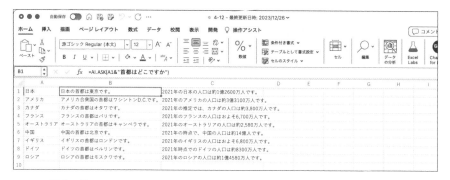

AI.ASK関数を使った例

この例では、A列に国名を記入し、B列には首都、C列には人口をそれぞれ表示させるため、次のようにAI.ASK関数を記入しました。

=AI.ASK(A1&"首都はどこですか")
=AI.ASK(A1&"人口は何人ですか")

B1セルとC1セルに、それぞれの質問をAI,ASK関数を使って記入し、あとはこのセルの数式をコピーするだけです。あっという間にそれぞれの国の首都と人口が表示されました。

このようにAI.ASK関数を利用すれば、ChatGPTに対するさまざまな質問とその回答が表示できます。最も簡単な関数ですから、簡単にコンテンツを作りたいときに利用してみるといいでしょう。

Point

AI.ASK関数を使えば、ExcelのセルにChatGPTに聞きたい質問を入力すると、ChatGPTで生成したテキストを表示してくれる

ChatGPT for Excelを使ってテーブルを作成──AI.TABLE関数

回答を表形式で書き出してもらう

　ChatGPT for Excelアドインを組み込むと利用できる2つ目の関数は、テーブルを作成するための**AI.TABLE関数**です。

　Excelでテーブルといえば、作成した表に適用する機能で、セルの書式設定や色分けなどが自動的に行われる機能を指していますが、AI.TABLE関数では表形式で複数の要素をChatGPTに質問し、これを表形式で書き出してくれる機能です。

　たとえば、次のようにAI.TABLE関数を記入してみました。

=AI.TABLE("日本で人口の多いトップ10都市")

　ChatGPTに「日本で人口の多いトップ10都市」と質問したとき、さまざまな形で回答が返ってきますが、この回答から必要な要素を抜き出し、表形式で表示してくれるのです。

	A	B	C	D	E	F	G	H	I
	順位	都市名	人口						
1	1	東京都	13,515,271						
2	2	横浜市	3,726,616						
3	3	大阪市	2,691,876						
4	4	名古屋市	2,327,557						
5	5	札幌市	1,959,193						
6	6	神戸市	1,537,272						
7	7	京都市	1,474,473						
8	8	福岡市	1,555,804						
9	9	川崎市	1,483,758						
10	10	船橋市	1,003,382						

※セル A1 に `=AI.TABLE("日本で人口の多いトップ10都市")`

AI.TABLE関数の使用例

　これだけでも便利ですが、実は**質問以外の要素を加えること**もできます。たとえばこの例では、トップ10の都市の県名や県庁所在地、あるいはその都道府県の大学数などを追加してみましょう。

　前述の関数の指定では、順位や都市名、人口が表になって表示されました。表はA1セルに順位、B1セルに都市名、C1セルに人口が表示されていましたから、追加で県名、県庁所在地、大学数をそれぞれD1セル、E1セル、F1セルに記入しておきます。

　この状態で、A2セルに、次のようにAI.TABLE関数を記述します。

=AI.TABLE("日本で人口の多いトップ10都市", A1:F1)

	A	B	C	D	E	F	G	H	I
				fx	=AI.TABLE("日本で人口の多いトップ10都市", A1:F1)				
1	順位	都市	人口	県名	県庁所在地	大学数			
2	1	東京	13,515,271	東京都	東京	113			
3	2	横浜	3,726,616	神奈川県	横浜	26			
4	3	大阪	2,691,994	大阪府	大阪	44			
5	4	名古屋	2,327,557	愛知県	名古屋	27			
6	5	京都	1,474,763	京都府	京都	37			
7	6	神戸	1,528,478	兵庫県	神戸	24			
8	7	札幌	1,959,193	北海道	札幌	19			
9	8	広島	1,174,439	広島県	広島	21			
10	9	仙台	1,089,162	宮城県	仙台	17			
11	10	千葉	971,327	千葉県	千葉	20			
12									

追加情報をセルに設定し、AI.TABLE関数を指定した

　どうでしょう、人口の多い都市のトップ10を質問しただけなのに、さらにその人口や県庁所在地、大学数まで取得し、表にしてくれました。知事名や県の花、都市の市長名などを加えておけば、人口の多い都市トップ10のさまざまな情報を収集した立派な表が即座に作成できます。

　もちろん、項目を追加しても、回答されないものや間違った回答がなされるものも出てきます。ChatGPTは平然とウソを答えることがあるので、これらの点は十分に注意すべきです。

　それでもこんな表が即座に作成されてしまうのですから、ChatGPT と Excel、それに AI.TABLE 関数を組み合わせて利用すればいかに便利かがわかるでしょう。

> **Point**
>
> AI.TABLE 関数は表形式で複数の要素を ChatGPT に質問し、これを表形式で書き出してくれる

ChatGPT for Excelで翻訳 ——AI.TRANSLATE関数

海外とのやり取りが多い人には効果大

ChatGPTは日本語を英語に、あるいは英語を日本語へと翻訳することが得意でした。もちろん、他の言語でも同様です。

この翻訳機能を利用したのが、**AI.TRANSLATE関数**です。このAI.TRANSE関数は、海外との取引が多い企業や部署、あるいは語学の学習をしているユーザーなどにも、きっと役立つ関数のはずです。

AI.TRANSLATE関数は、次のように翻訳先の言語を明示的に指定して利用します。

```
=AI.TRANSLATE("元テキスト", "翻訳先言語")
```

英語の勉強などしているときなら、次のように指定するといいでしょう。

```
=AI.TRANSLATE("生成", "英語")
```

A1		× ✓	f_x	=_xldudf_AI_TRANSLATE("生成", "英語")				
	A	B	C	D	E	F	G	H
1	"Generate"							
2								

AI.TRANSLATE関数の使用例

▼自分だけの単語帳を作ることもできる

もちろん、セルを引数として指定することもできます。セルに意味を知りたい英単語などを記入しておき、AI.TRANSLATE関数で引数にセルを指定すれば、自分だけの単語帳が一瞬で作成できてしまいます。

　また、長い文章を翻訳したいときなどは、やはりセルに文章を記入しておき、AI.TRANSLATE関数でセルを指定したほうが、ずっと手軽に利用できるはずです。

　引数にセルを指定するときは、次のように記述します。英単語や英文をA1セルに記入している場合なら、これを日本語に翻訳したいときは次のように指定します。

> **=AI.TRANSLATE(A1, "日本語")**

　たくさんの英単語や日本語などを記入しておき、これを翻訳したいときは、セルにAI.TRANSLATE関数を記入し、このセルをドラッグしてコピー＆ペーストすれば、即座に翻訳されたものが表示され、単語帳のような表が作成できます。

B1			× ✓	*fx*	=AI.TRANSLATE(A1, "日本語")			
	A	B	C	D	E	F	G
1	target market	ターゲット市場					
2	marketing strategy	マーケティング戦略					
3	sales forecast	販売予測					
4	profit margin	利益率					
5	cost reduction	コスト削減					
6	human resources	人事					
7	management	管理					
8	innovation	イノベーション					
9	competition	競争					
10							

AI.TRANSLATE関数で簡易単語帳を一瞬で作成できた

　あるいは、仕事に関係するあちこちのサイトを閲覧し、必要な部分をコピーしてExcelのセルに貼り付けておき、AI.TRANSLATE関数を使って日本語に翻訳してしまう、といった使い方もできます。毎朝、仕事の前に英文記事などに目を通す必要があるユーザーなら、これまでのルーティンワークが大幅に短縮するのではないでしょうか。

ChatGPT for Excelでデータの フォーマット——AI.FORMAT関数

文章の書き換えを一瞬で済ませる

ChatGPTは翻訳とともに、文章の書き換えも得意でした。たとえば、大人向けの説明書を子どもにもわかるような文章に変えたり、文章を入力して、これを敬語に変換させたり、といったことまでできます。

この〝変換〟作業を関数で実現したのが、**AI.FORMAT関数**です。たとえば次のように、AI.FORMAT関数を利用して指定してみましょう。

=AI.FORMAT("明日会おう", "敬語")

A1		✕ ✓	*fx*	=AI.FORMAT("明日会おう", "敬語")			
	A	B	C	D	E
1	明日お会いしましょう				
2					

AI.FORMAT関数の使用例

AI.FORMAT関数で、「明日会おう」という文章が「明日お会いしましょう」に変換されて表示されました。

▼さまざまな形式が指定可能

これだけならそれほど便利な関数ではありませんが、このフォーマット、つまり変換するときの形式として、**さまざまな形式が指定できる**のです。

もともとAI.FORMAT関数は次の書式で指定します。

=AI.FORMAT("value", "format")

　「value」には、フォーマットしたい元のテキストや数値などを、「format」には変換するときの形式を指定します。形式には、敬語、カタカナ、日付、英語などさまざまな形式が指定できます。形式には、ChatGPTに「○○に変換してください」と命令するときと同じような指定が行えるのです。

　ただし、指定した形式に変換されないことも、また変換しようとして「#BUSY!」になったままのこともあります。

A5	◆	× ✓	*fx*	=AI.FORMAT("12345", "**漢字**")		
	A	B	C	D	E	F
1	明日お会いしましょう					
2						
3	カタカナ→Excel					
4	エクセル					
5	#BUSY!	⚠ ▼				
6						
7						

さまざまな形式に変換してみた。#BUSY!のまま止まってしまう指定もある

　また、valueには**セルを指定すること**もできるので、引数にセルを指定し、少し長いテキストを変換させたりすることも可能です。

!注意!!

実際にどのようなフォーマットの指定が、ちゃんと変換されて表示されるかは、指定してみないとわからない。これは、この関数の不便な点でもあり、AI.FORMAT関数がChatGPTを利用していることのデメリット

ChatGPT for Excelで特定データを抽出——AI.EXTRACT関数

長い文章の中から目的の単語や文章を抜き出す

　ChatGPTは文章の要約も得意でしたが、長い文章の中から目的の単語や文章を抜き出すのは、究極の要約といってもいいでしょう。この特徴を活かしたともいえるのが、**AI.EXTRACT関数**です。

　この関数は、指定した文章の中から特定のデータを抽出してくれる関数です。次の書式で指定します。

```
=AI.EXTRACT("value", "extract")
```

　「value」には、**データを抽出する元のテキスト**が入ります。これはセル指定でも構いません。

　「extract」には、**抽出したいデータのタイプ**を指定します。これは長いテキストの中から企業名だけを取り出したければ、「企業名」「社名」などと指定します。指定したテキスト内を解析し、その中から引数で指定されたタイプの語句を抽出してくれるのです。

▼ニュース記事の中から企業名と売上高を抜き出してみる

　実際に使ってみないと、このAI.EXTRACT関数の便利さはわからないかもしれません。そこで、たとえばニュース記事などをコピーしてセルに貼り付け、この中から企業名と売上高を抜き出してみましょう。

　A1セルにニュース記事を貼り付け、A3セルに記事から抜き出したい語句として「企業名」、それにA4セルには、A1セルの記事内から抜き出したい語句として「売上高」と記入してみました。関数の指定は次のように記述しました。

・企業名を抜き出したいとき（B3セルに設定）

=AI.EXTRACT(A1, A3)

・売上高を抜き出したいとき（B4セルに設定）

=AI.EXTRACT(A1, A4)

記事内から指定した語句に関連するテキストを抜き出して表示する

　どうでしょう。貼り付けたニュース記事を解析し、企業名と売上高を
ちゃんと抜き出してくれました。

　もちろん、これらはChatGPTの回答によるものですから、記事の解析が
うまくいかず、抜き出したテキストも間違いがあるケースも出てきます。
関数で抽出した語句が正しいかどうかは、ユーザー自身で判断する必要が
あります。

　しかし、それでも長い記事を解析し、指定した語句を探し出して表示し
てくれるのは、実に便利な機能です。

　なお、AI.EXTRACT関数によって抽出された語句が複数ある場合は、同
じセル内に表示されてしまいます。これではあとから処理するとき、少し
面倒になります。また、企業名として抽出させた語句の中には、商品名や
サービス名などもあり、このままではこの表をもとに別の分析を行うこと
はできそうもありません。

　AI.EXTRACT関数に限らず、ChatGPTに命令を投げ、その回答を表示さ
せる関数は、ChatGPTの回答そのものに改善の余地があるため、指定方法

やあとの扱いに悩むことも少なくありません。

　ただし、これらのデメリットを差し引いても、作業を効率化するために
は便利に活用できる関数のはずです。

元テキストや抽出結果によっては、抽出語句が同じセルに複数表示される

ChatGPT for Excelで予測して範囲を埋める──AI.FILL関数

使う場面は限られるが使いこなせば威力を発揮する

ChatGPT for Excelのこれまでの関数とは少し異なり、入力されているデータの規則性に注目し、指定した範囲に同じ規則を当てはめて生成されたデータを表示するのが、**AI.FILL関数**です。

この説明ではあまりよくわからないかもしれません。実例を示しながら説明しましょう。

たとえば、右のように都道府県と県庁所在地を記入した表を作成したいときで考えてみましょう。この表は、まだ北海道から秋田県までの県庁所在地しか記入していません。

	A	B
1	都道府県名	県庁所在地
2	北海道	札幌市
3	青森県	青森市
4	岩手県	盛岡市
5	宮城県	仙台市
6	秋田県	秋田市
7	山形県	
8	福島県	
9	茨城県	
10	栃木県	
11	群馬県	
12	埼玉県	
13	千葉県	
14	東京都	
15	神奈川県	
16	新潟県	
17		

都道府県と県庁所在地をまとめた表を作成する。まだ作成途中

この表の続きを作成するのは、難しくはありませんが面倒です。そこでAI.FILL関数を使ってみます。

AI.FILL関数は、次の書式で指定します。

```
=AI.FILL(example, partial)
```

引数のexampleには、サンプルとなるセル範囲を指定します。ここではA列に都道府県が記入されていたら、その県庁所在地をB列に記入する、という規則です。この規則に則って記入されているサンプル、つまりA2セルからB6セルまでを指定します。

partial引数は、exampleで指定した規則に従い、予測させたいセル範囲を指定します。ここではA2〜B6までのように、都道府県とその県庁所在地という規則を、続くA7〜A16までの都道府県にも適応させ、それをB7から表示させていきたいため、partialには「A7:A16」と指定します。つまり、B7セルには次のようにAI.FILL関数を指定して記入することになります。

=AI.FILL(A2:B6, A7:A16)

　これでB7〜B16まで、A列に記載されている都道府県に対応する県庁所在地が記入されました。

B7		✕ ✓	fx	=AI.FILL(A2:B6,A7:A16)				
	A	B	C	D	E	F	G	H
1	都道府県名	県庁所在地						
2	北海道	札幌市						
3	青森県	青森市						
4	岩手県	盛岡市						
5	宮城県	仙台市						
6	秋田県	秋田市						
7	山形県	山形市						
8	福島県	福島市						
9	茨城県	水戸市						
10	栃木県	宇都宮市						
11	群馬県	前橋市						
12	埼玉県	さいたま市						
13	千葉県	千葉市						
14	東京都	東京						
15	神奈川県	横浜市						
16	新潟県	新潟市						
17								

AI.FILL関数で、空白セルにデータが記入された

　このAI.FILL関数は、使う場面が限られてきます。何らかの規則性のある表のうち、ChatGPTに質問したときに回答されるような規則ならよいの

ですが、規則性のない場面や、ChatGPTから正しい回答が得られなそうな規則では、AI.FILL関数を使用する意味がありません。

このようにAI.FILL関数を利用するためには、**規則性のある表を作成したり、その規則をきちんと考えておく必要があります**。ChatGPTとこれを利用する関数を使う場合は、これらの特性を考えて使用する必要があり、それがChatGPTを使いこなせるかどうかの分かれ目ともいえるのです。

> 🖐 **Point**
>
> AI.FILL関数を利用するためには、規則性のある表を作成したり、その規則
> をきちんと考えておく必要がある

ChatGPT for Excelで
リストを作る――AI.LIST関数

表形式で回答を表示する

　ChatGPTに質問を投げかけ、その回答を表示してくれる関数に、AI.ASK関数がありました。この関数では、引数としてChatGPTに聞きたい質問を指定しました。たとえば、世界の国のうち、人口の多い順にトップ10を知りたければ、次のように指定しました。

=AI.ASK("世界の国で人口の多い順にトップ10を教えてください")

	A	B	C	D	E	F	G	H	I	J	K
A1			fx =_xldudf_AI_ASK("世界の国で人口の多い順にトップ10を教えてください")								
1	1. 中国 2. インド 3. アメリカ合衆国 4. インドネシア 5. ブラジル 6. パキスタン 7. ナイジェリア 8. バングラデシュ 9. ロシア 10. メキシコ										
2											

AI.ASK関数でChatGPTに質問し、その回答を表示する

　この例の場合、AI.ASK関数で指定したChatGPTの回答は、AI.ASK関数を記入したセルにテキストとして表示されています。
　けれども、この質問のようなトップ10といった場合、表形式が表示されたほうが便利ではないでしょうか。それを可能にしてくれるのが、**AI.LIST関数**です。AI.LIST関数でもAI.ASK関数と同じように、引数にChatGPTに回答してもらいたい質問を記述しますが、その回答はリスト形式で返ってきて、Excel上では表形式になります。
　例として表示したAI.ASK関数と同じ質問を、AI.LIST関数を使って実行してみましょう。

=AI.LIST("世界の国で人口の多い順にトップ10を教えてください")

AI.ASK関数と同じ質問を、AI.LIST関数で実行してみた

AI.LIST関数を利用すれば、**リスト形式で回答されるような質問は、表として簡単に作成できます。**

Memo

AI.LIST関数に限らないが、これらの関数はExcelの中からChatGPTを利用するためか、場合によってはエラーとなってうまく回答が得られないこともある。エラーが返ってきてうまく回答が取得できないときは、しばらく時間を置いてから実行するか、あるいは直接ChatGPTに質問してリスト形式で回答してもらい、これをExcelにコピー&ペーストしたほうが、関数を使ってエラーが出るよりは便利。このようにChatGPTとExcelを別々に利用しても、それほどの手間はかからない。これはAI.ASK、AI.LIST、AI.TRANSLATEといった関数でいえることで、他のAI.FORMATやAI.FILL、AI.EXTRACTといった関数はExcel内で利用してこそ威力を発揮する

Point

関数を使うか、ChatGPTの画面とを行き来するか、自分の仕事のスタイルに合わせて使い分ける

公式アドインExcel Labsで ChatGPT関数を使う

ChatGPTからの回答を、関数を指定したセルに表示する

Excelで利用できるアドインの中には、もうひとつ**Excel Labs**というアドインがあります。こちらも公式のアドインで、Officeアドインからインストールして利用できます。

Excel画面で挿入ツールバーを表示し、「アドインを取得」をクリックします。すると「Officeアドイン」ダイアログボックスが開くので、ここで「Excel Labs」と記入して検索し、「Excel Labs, a Microsoft Garage project」を探します。見つかったら、アドイン右端の「追加」ボタンをクリックしてExcelに追加します。画面の指示に従って進んでいくと、Excel Labsアドインがインストールされ、画面右端にExcel Labsのウィンドウが表示されました。

1 挿入ツールバーを表示し、「アドインを取得」をクリックする

2 「Excel Labs」と記入し（①）、「追加」ボタンをクリックする（②）

3 Excel Labsアドインが追加され、左端にウィンドウが表示される

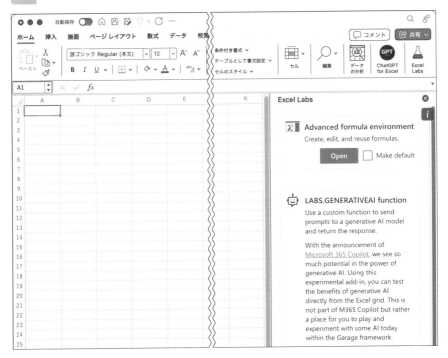

@ **Memo**

Excel Labsアドインを利用する場合も、OpenAIのAPIキーの登録が必要。
OpenAIのAPIキーの取得方法は150ページを参照して、事前に取得して
おく

　APIキーの設定は、Excel画面の右端に表示されているExcel Labs ウィ
ンドウの、「LABS.GENERATIVEAI function」の欄で設定します。この欄
にある「Open」ボタンをクリックすると、注意書きなどが表示された画面
に変わります。この画面の下のほうに、「OpenAI API key」と書かれたボッ
クスがあります。このボックスに、OpenAIで取得したAPIキーを記入し
ます。

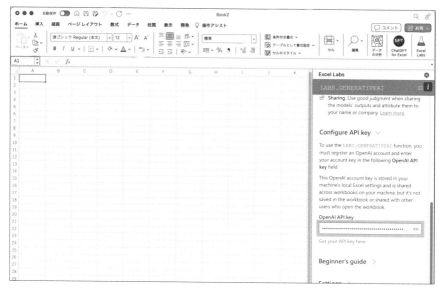

OpenAIのAPIキーを設定する

　これにより Excel 内で Excel Labs が提供する **LABS.GENERATIVEAI 関数**が利用できるようになります。

▼AI.ASK関数と同じような関数

　LABS.GENERATIVEAI関数は、基本的にはChatGPTに質問し、その回答を関数を指定したセルに表示する機能になります。ChatGPT for Excel でいえばAI.ASK関数と同じような機能と考えてください。

　このLABS.GENERATIVEAI関数は、次の書式で指定します。

=LABS.GENERATIVEAI(prompt, [options])

　引数には、それぞれ次のようなデータを設定します。

* prompt：ChatGPTに送信するプロンプト。ChatGPTに聞きたい質問や生成させたい命令を指定する

- options：オプションのパラメータで、次のいずれかの値を指定する
  - max_length：生成するテキストの最大長（文字数）。省略した場合は、デフォルトの1,000文字が使用される
  - temperature：生成するテキストの創造性を調整するパラメータ。値が大きいほど、より創造的なテキストが生成される。省略した場合は、デフォルトの0.7が使用される
  - top_p：生成するテキストの確率を調整するパラメータ。値が大きいほど、より確率の高いテキストが生成される。省略した場合は、デフォルトの0.9が使用される

🔖 Memo

options引数は省略して構わない。ChatGPTを使い慣れていない場合、このoptionsの値を変更すると、ChatGPTの回答が荒唐無稽なものになってしまうため、実用的ではない。省略すると標準値が使用されるので、特に必要のない限り省略したほうがよい

▼ChatGPTのパラメータ

　ChatGPTにはいくつかの**パラメータ**があり、ユーザーが明示的に指定して、ChatGPTの回答をコントロールできます。ユーザーが指定できるパラメータには、次のようなものがあります。

パラメータ	機　能	詳　細
temperature	ランダム性を制御	・出現する語句の確率を変更できる ・0〜2の間で設定し、標準では0.7に設定されている
Top_p	正確性を設定	・生成されるテキストの確率を調整する ・設定範囲は0〜1で、標準では0.9に設定されている ・値が低いほど厳密で、高いほどランダムに富んだテキストを生成する
n	回答数を変更する	・nで指定した数、回答させる ・標準はn=1に設定されているが、n=3、n=5などと指定すれば、指定したnの数だけ回答を出力してくれる
presence_penalty	単語の重複を避ける	・同じ単語や文章が出現する頻度を設定する ・設定できるのは-0.2〜2.0までの値で、標準では0に設定されている ・パラメータの値を低く設定すると、同じ単語や文章が出てくる頻度がより少なく、値を高くすれば繰り返し出てくる頻度が多くなる
frequency_penalty	単語の出現度を調整	・パラメータの値を低く設定すると、生成されたテキスト内で同じ単語や文章の繰り返しが減る ・設定できるのは-2.0〜2.0のいずれかの数値で、標準では0に設定されている

　なお、パラメータを変更したいときは、ChatGPTに送るプロンプトで次のように指定してください。

「temperature=0.3に設定してください」

　この指定では、temperatureパラメータを0.3に設定し、標準の回答よりもより厳密な回答をするよう指定しています。

LABS.GENERATIVEAI関数で ChatGPTの回答を取得

Excel と ChatGPT とをシームレスに横断した使い方ができる

　それでは、実際にLABS.GENERATIVEAI関数を利用してみましょう。ChatGPTにはテキストの生成や要約、翻訳といった機能がありますが、一般的にChatGPTを利用するように、何か指示を与えてテキストを生成させてみましょう。

　たとえば、簡単な質問をしてみます。

=LABS.GENERATIVEAI("3月3日は何の日ですか?")

A1		×	✓	fx	=LABS.GENERATIVEAI("3月3日は何の日ですか？")							
	A	B	C	D	E	F	G	H	I	J	K	L	M
1	3月3日はひな祭りです。											
2												

LABS.GENERATIVEAI関数を利用して、簡単な質問をしてみた

　特にChatGPTに聞くほどの質問ではありませんが、LABS.GENERATIVE AI関数を利用することで、Excel内からChatGPTにテキストを生成させ、その回答をExcel内に表示させられることがわかったはずです。

　では、もう少し難しい質問をしてみましょう。ここで、A1セルにChatGPTに投げる質問を記入し、LABS.GENERATIVEAI関数でこのセルを指定してみます。

=LABS.GENERATIVEAI(A1)

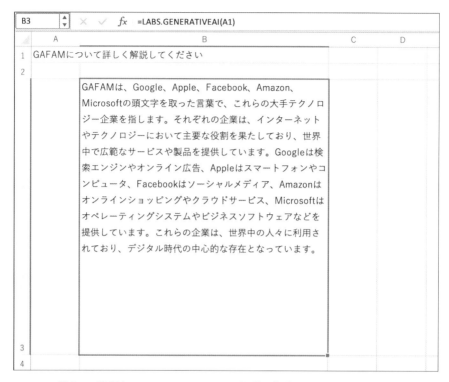

B3		✕ ✓	fx =LABS.GENERATIVEAI(A1)		
	A	B		C	D
1	GAFAMについて詳しく解説してください				
2					

GAFAMは、Google、Apple、Facebook、Amazon、Microsoftの頭文字を取った言葉で、これらの大手テクノロジー企業を指します。それぞれの企業は、インターネットやテクノロジーにおいて主要な役割を果たしており、世界中で広範なサービスや製品を提供しています。Googleは検索エンジンやオンライン広告、Appleはスマートフォンやコンピュータ、Facebookはソーシャルメディア、Amazonはオンラインショッピングやクラウドサービス、Microsoftはオペレーティングシステムやビジネスソフトウェアなどを提供しています。これらの企業は、世界中の人々に利用されており、デジタル時代の中心的な存在となっています。

A1セルに記入して質問をLABS.GENERATIVEAI関数で指定する

　ChatGPTで質問したときのように、Excel内でChatGPTにした質問の回答が、Excel内に表示されました。LABS.GENERATIVEAI関数は、いわば**ExcelとChatGPTとをシームレスに横断した使い方が可能**なのです。

数式を作ってもらい、即座に反映させる

Excel内で使うべき数式やマクロを回答させる

　ChatGPTでは、Excelの数式やマクロも作成できました。これらの数式やマクロを作成するとき、ChatGPTの画面でどのような数式やマクロを作りたいか質問し、その回答の中から数式やマクロ部分をコピーし、Excelに戻って貼り付ける、といった手順でした。

　これらの手順が、**Excel内だけで済んでしまう**としたらもっと便利でしょう。それがLABS.GENERATIVEAI関数で可能なのです。

　たとえば121ページでは、テストの点数を記入した表を作成し、点数によって判定を自動で記入する数式を、ChatGPTに説明しながら作成してもらいました。まったく同じことを、LABS.GENERATIVEAI関数を利用してやってみましょう。

　まず、点数を記入した表を作成しておきます。この表で、たとえばD12セルにChatGPTへの質問を記入します。質問は、次のテキストです。

> 「A列に名前、B列に点数、C列には評価を記入した表を作成したいと思います。C列の評価欄は、B列の点数によって「A、B、C」の3段階で表示します。この場合、C列にはどのような関数を設定すればいいですか。なお、評価はB列の数値で判断し、80以上はA、60から79はB、59以下はCとします」

　次に、この質問をChatGPTに投げるために、D13セルにはLABS.GENERATIVEAI関数を利用して次のように指定します。

```
=LABS.GENERATIVEAI(D12)
```

これでD13セル、つまりLABS.GENERATIVEAI関数を記述したセル
に、ChatGPTの回答が表示されます。

D13セルにD12セルに記述した質問に対するChatGPTの回答が表示された

　ChatGPTの回答がセルに表示されているので、この回答の中から目的を
実現する関数部分を参照し、そのままこの例ではC2セルに数式を記述し
ます。
　ExcelとChatGPTを別々に利用していたときは、ChatGPTの回答から関
数部分をコピーし、Excelに戻って該当のセルに貼り付ける作業でした。
これがLABS.GENERATIVEAI関数を利用するだけで、Excel内だけで作業
が完結してしまうのです。
　実際にChatGPTの回答の関数部分を参照し、セル番地などを適宜直し、
C2セルに記入して実行したのが次ページの画面です。
　これでC2セルに評価として「A」という文字が表示されました。
　ChatGPTの回答がセル内に表示されているからと、これを参照しながら
数式を記入するのは面倒だな、と思うユーザーもいるでしょう。ChatGPT
の回答部分はLABS.GENERATIVEAI関数で指定したものですから、その

セルに表示されている ChatGPT の回答から、関数部分だけを C2 セルに記入する

内容をコピーしても意味がありません。

　こんなときは、ChatGPTの回答が表示されているセルをコピーし、別の
セルに移動してマウスの右クリックメニューから「形式を選択してペース
ト」-「値」を指定します。これでChatGPTの回答部分がテキストとして
セルに貼り付けられるので、改めて数式部分を選択し、必要なセル、ここ
ではC2セルにコピー＆ペーストしてしまえばいいのです。

ChatGPT の回答が表示されているセルをコピーし、別のセルで「貼り付け」-「値」を指定し
て貼り付けると、セル内のテキストがコピーできる

これでC2セルに評価の文字「A」が表示されました。

　なお、ChatGPTの回答にある数式には、セル番地などで間違った部分もあります。実際に数式を記入するときは、作成している表に合わせて、セル番地などを訂正して記入する必要もあります。

　それでも、Excel内でChatGPTに質問し、その回答もExcel内で表示されるのは便利です。作業の効率を考えれば、たとえわずかな手間とはいえ、ExcelとChatGPTのウィンドウを開き、マウスを移動させながら行うよりも、Excel画面だけで作業ができたほうがずっと効率がいいのです。

　そんな効率のいい作業のためにも、Excelアドインを最大限に活用したいものです。

Chapter 5

ChatGPTが生成した
VBAマクロを使う

GPT

VBA マクロによる自動化も ChatGPT で実現

ChatGPTの得意分野のひとつプログラミング

　Excelを利用する上で、ChatGPTが便利に活用できることは、これまで
の説明で理解できたでしょう。そこで本章では、もっとExcelを便利にす
るための、ChatGPTの活用法を紹介していきます。

　仕事でExcelを利用していれば、**Excelのマクロ**も活用したいところで
す。マクロが使えれば、普段のルーティンワークも楽にできるのに、と考
えているユーザーも多いでしょう。

　しかし、ExcelのマクロはVBAというプログラミング言語で作成するこ
とから、プログラミングなどやったことがない自分では、とても歯が立た
ないと思われるかもしれません。

　そこでChatGPTの登場です。ChatGPTはテキスト生成AIで、文章を作
り出してくれるもの、などと思っていませんか。文章作成以外のChatGPT
の得意分野のひとつに、**プログラミング**があるのです。

　たとえば、どのようなプログラムをどのようなプログラミング言語で作
成するかをChatGPTで指定すると、たちどころにプログラムを作成して
コードを表示してくれます。まったく同じように、ChatGPTにExcelのマ
クロで実現したいことをVBA言語で、あるいはマクロで、作成してくださ
いと指定すれば、これも即座に作成してコードを表示し、解説までしてく
れるのです。

Point

ChatGPTにExcelのマクロで実現したいことをVBA言語やマクロで作成
してほしいと指定すると、たちどころに答えを出してくれる

Excelの表をもとにグラフを作成するマクロを作ってください。

Excelで表をもとにグラフを作成するためのマクロを作成する方法を説明します。以下は、Excel VBAを使用して表からグラフを作成する基本的な手順です。

1. VBAエディタを開く
   Excelを開いて、Alt + F11を押すとVBAエディタが開きます。
2. 新しいマクロを作成する
   「挿入(Insert)」→「モジュール(Module)」を選択して新しいモジュールを作成します。
3. マクロコードを記述する
   以下の例は、表のデータを使用して折れ線グラフを作成する簡単なVBAマクロです。データの範囲やグラフのタイプは適宜変更してください。

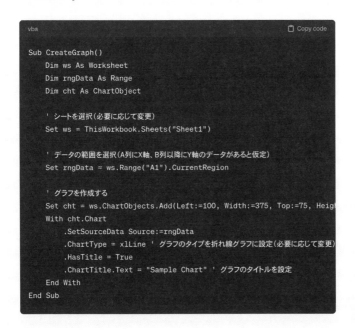

```vba
Sub CreateGraph()
    Dim ws As Worksheet
    Dim rngData As Range
    Dim cht As ChartObject

    ' シートを選択(必要に応じて変更)
    Set ws = ThisWorkbook.Sheets("Sheet1")

    ' データの範囲を選択(A列にX軸、B列以降にY軸のデータがあると仮定)
    Set rngData = ws.Range("A1").CurrentRegion

    ' グラフを作成する
    Set cht = ws.ChartObjects.Add(Left:=100, Width:=375, Top:=75, Heig
    With cht.Chart
        .SetSourceData Source:=rngData
        .ChartType = xlLine ' グラフのタイプを折れ線グラフに設定(必要に応じて変更)
        .HasTitle = True
        .ChartTitle.Text = "Sample Chart" ' グラフのタイトルを設定
    End With
End Sub
```

（以下、略）

▼グラフの種類を指定する

ここでは、ChatGPTにごく一般的な指示しかしていません。Excelの表とはどの程度の大きさのものなのか、あるいはセル番地でいえばどこなのか、といった指定はしていません。作成するグラフはどんな形状のグラフなのか、その指定もありません。

前ページのChatGPTの回答では、必要に応じてシートを指定し、データ範囲を指定し、グラフの種類としては折れ線グラフを設定していますが、これも必要に応じて変更するよう注釈が付いています。

取りあえずこのコードの右上にある「Copy code」ボタンをクリックし、クリップボードにコピーします。

次に、Excel画面でこのマクロを実行したいシートを開き、メニューから「ツール」-「マクロ」-「Visual Basic Editor」を指定します。または［Alt］＋［F1］キーを押します。すると次のようなVBAエディタのウィンドウが起動します。

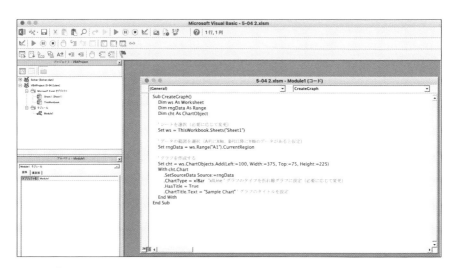

VBAエディタ画面

　この画面で、メニューから「挿入」-「標準モジュール」を指定し、新し
いモジュール画面に、ChatGPTで表示されたマクロを貼り付けます。

　ただし、これだけではマクロは正しく動きません。ChatGPTが生成した
コードの中に、注釈が付いた部分があります。シートの指定、データ範囲
の指定、作成するグラフの指定などです。

　例ではシート1（Sheet1）で、A列にX軸、B列以降がY軸になり、生成
してくれたマクロと一致します。作成するグラフは、生成されたコードで
は折れ線グラフになっていますが、売上高の比較などは棒グラフのほうが
わかりやすいでしょう。

　最後のグラフのタイトルはあとからいつでも変更できるので、生成され
たもののままでいいでしょう。

　なお、主なグラフの種類は次のタイプで指定します。

グラフ	指定法
折れ線グラフ	xlLine
マーカー付き折れ線グラフ	xlLineMarkers
棒グラフ	xl3DColumn、xBar
集合縦棒	xlColumnClustered
円グラフ	xlPie
散布図	xlXYScatter
折れ線付き散布図	xlXYScatterLines
表面グラフ	xlSurface
表面（トップビュー）	xlSurfaceTopView
3D折れ線グラフ	xl3DLine
3D棒グラフ	xl3DBar
3D円グラフ	xl3DPie
3Dエリアグラフ	xl3DArea
3D散布図	xl3DScatter

グラフ	指定法
ボックスアンドウィスカーズグラフ（箱ひげ図）	xlBoxAndWhisker
ヒストグラム	xlHistogram
ゲージグラフ	xlGauge
ピボットテーブルグラフ	xlPivotTable
地理図	xlMap

　ここでは棒グラフにしたいので、次のように変更します。

.ChartType = xlBar

　マクロ内の必要な部分を設定・確認したら、ファイルメニューから「保存」を指定します。すると作成しているブック名が表示されるので、ファイル形式に「Excelマクロ有効ブック（.xlsm）」を指定して、「保存」ボタンをクリックして保存します。開いているブックファイルに、いま作成したマクロが組み込まれた状態で、ファイルが保存されるわけです。

　VBAエディタウィンドウが閉じ、作成中のExcelシートウィンドウに戻るので、実際にいま作成したマクロを実行してみましょう。

　メニューから「ツール」-「マクロ」を指定するか、「表示」ツールバーで「マクロ」-「マクロの表示」を指定します。すると「マクロ」ダイアログボックスが開きます。

　「マクロ」ダイアログボックスには、いまVBAエディ

「マクロ」ダイアログボックスが開くので、作成したマクロにカーソルを合わせ、「実行」ボタンをクリックする

タで作成した「CreateGraph」というマクロが表示されています。このマ
クロを選択し、「実行」ボタンをクリックします。

　これで意図通り、作成している表をもとにした棒グラフが作成・表示さ
れました。

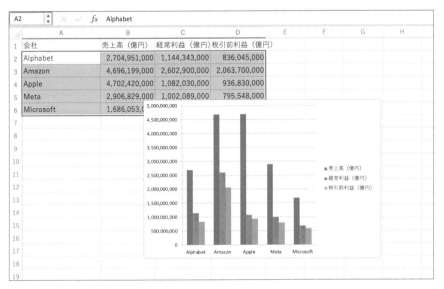

作成している表をもとに棒グラフが作成・表示される

　実は、表示されている表を範囲選択し、これをグラフにするのはそれほ
ど面倒な操作ではありません。しかし、企画書や報告書、書類などを作成
するとき、いつもこれと同じような表作りとそのグラフ化を行っているの
なら、ボタンを2つ3つクリックするだけでグラフが作成されてしまうマ
クロのほうが、ずっと便利なはずです。

　ChatGPTを利用するだけで、マクロ初心者でも便利なマクロが簡単に作
成できるのですから、これを利用しない手はありません。

作成されたマクロを改良する

一般的な縦棒グラフの指定

　前節でも ChatGPT が作成したマクロを、実際にファイル内に組み込む前に必要箇所を手直ししました。ChatGPT は折れ線グラフを作成するよう回答していましたが、実際に作成したいのは棒グラフだったため、マクロの該当部分を書き換えました。

　しかし、マクロ内でグラフの指定をするのに、どのような単語を使えばいいのかさえわからない、というユーザーもいるでしょう。

　こんなときは、**作成したマクロをもとに、ユーザー側の要求を伝え、ChatGPT が回答したマクロそのものを直してもらいましょう。**

　先ほどのマクロを作成した会話に続けて、次のように指示を与えます。

折れ線グラフではなく棒グラフを作成できるようにしてください。

了解です。折れ線グラフから棒グラフに変更するためには、マクロコード内の ChartType を xlColumnClustered に変更します。以下が変更後のコードです。

```vba
Sub CreateGraph()
    Dim ws As Worksheet
    Dim rngData As Range
    Dim cht As ChartObject

    ' グラフを作成する
    Set cht = ws.ChartObjects.Add(Left:=100, Width:=375, Top:=75, Heigh
    With cht.Chart
        .SetSourceData Source:=rngData
        .ChartType = xlColumnClustered ' グラフのタイプを棒グラフに設定
```

（以下、略）

　これで ChatGPT は折れ線グラフの部分を棒グラフに変更し、再度マクロのコードを表示してくれました。

　ChatGPTの回答からもわかるように、前回は「ChartType = xlLine」と記述されていた箇所が、今回は「ChartType = xlColumnClustered」に書き換えられています。この「xlColumnClustered」という指定は、集合縦棒のグラフを作成するときの指定になります。Excel では、ごく一般的な縦棒グラフの指定はこの「xlColumnClustered」になるのです。

▼指定した範囲をグラフにする

　もうひとつ、修正したい箇所があります。このマクロでは、グラフのもととなる表を A1 セルから始まる表として設定しています。ところが、表を作成するときはいつも A1 セルから始まるとは限りません。できれば事前に表を範囲指定し、その部分をグラフにしておきたいところです。

　これなら大きな表を作成しているとき、一部を範囲選択してその部分だけグラフ化することもできます。

　ChatGPT にこれらの要望を伝えます。グラフのもとになる部分は、事前に範囲指定した部分にしてほしいと、やはり同じチャットの中で指定します。

折れ線グラフではなく棒グラフを作成できるようにしてください。

了解です。折れ線グラフから棒グラフに変更するためには、マクロコード内の ChartType を xlColumnClustered に変更します。以下が変更後のコードです。

```vba
Sub CreateGraphFromSelection()
    Dim ws As Worksheet
    Dim rngData As Range
    Dim cht As ChartObject
    Dim selectedRange As Range

    ' 選択範囲を取得
    On Error Resume Next
    Set selectedRange = Application.InputBox("グラフ化したいセル範囲を選択して
    On Error GoTo 0

    If selectedRange Is Nothing Then
        MsgBox "範囲が選択されていません。マクロを終了します。", vbExclamation
        Exit Sub
    End If

    ' シートを選択（必要に応じて変更）
    Set ws = ThisWorkbook.Sheets("Sheet1")

    ' 選択範囲をデータ範囲として設定
    Set rngData = selectedRange

    ' グラフを作成する
    Set cht = ws.ChartObjects.Add(Left:=100, Width:=375, Top:=75, Heigh
    With cht.Chart
        .SetSourceData Source:=rngData
        .ChartType = xlColumnClustered ' グラフのタイプを縦棒グラフに設定
        .HasTitle = True
        .ChartTitle.Text = "Sample Chart" ' グラフのタイトルを設定
    End With
End Sub
```

（以下、略）

> ### 📖 Memo
>
> ChatGPTでは、同じチャット内なら会話の内容を覚えており、人間同士が
> 会話をするように、前の話に続けて会話を進められる。したがって、前の
> コードをいちいち指定する必要がない

　ChatGPTから返ってきた回答のマクロ部分を、「Copy code」ボタンをク
リックしてクリップボードにコピーし、Excelに戻ってVBAエディタを開
き、「挿入」-「標準モジュール」を指定してマクロを貼り付けます。

　すべての要望を出してChatGPTに作成してもらったマクロなので、こ
こでの手直しは不要です。

　マクロを保存したらExcelのシートに戻り、「マクロ」-「マクロの表示」
を指定し、いま作成したマクロを指定して「実行」ボタンをクリックします。

　すると最初に「入力」ダイアログボックスが開き、グラフ化したいセル
範囲を選択するよう促されます。このとき、セル範囲を記入しても構いま
せんが、表のセル範囲をマウスでドラッグして選択することもできます。
選択した範囲が自動的にダイアログボックスに入力されるので、問題がな
ければ「OK」ボタンをクリックします。

　これで範囲選択した部分だけが、縦棒グラフになって表示されます。

1 VBAエディタで標準モジュールにマクロを貼り付ける

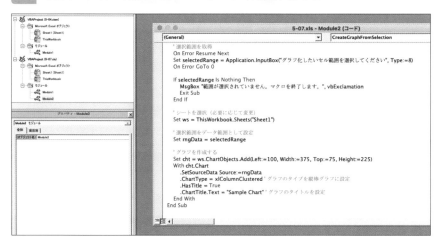

2 作成したマクロを選択し（①）、「実行」をクリックする（②）

3 マクロを実行すると、「入力」ダイアログボックスが現れるので、グラフ化したいセル範囲を指定し（①）、「OK」をクリックする（②）

4 選択した部分がグラフ化されて表示された

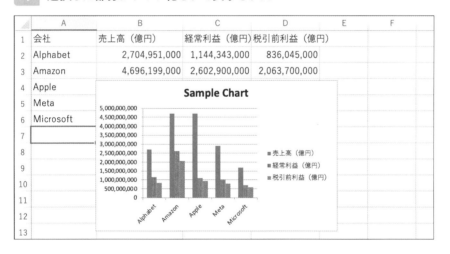

　ChatGPTを使えば、Excelのマクロも実際にやりたいことをすぐにコードにできます。**ChatGPTが生成したコードを、VBAエディタにコピー＆ペーストするだけです。**これだけでマクロが作成でき、いつもの作業が効率よく実行できるようになります。

　Excelでマクロを利用するのは、自動化や効率アップ、生産性の向上のために必要不可欠です。ChatGPTを活用するだけで、それが可能になるのです。

コードを貼り付けて説明してもらう
他人が作成したマクロを解析する

同僚が作成したExcelファイルや、あるいは社内外から届いたExcelファイルには、マクロが埋め込まれたものもあります。

それらのマクロがうまく動かなかったり、あるいはそのマクロがどんな機能を実行するのかわからなかったり、自分の作業のために改良したい、といったケースもあります。

もちろん、Excelのマクロに不慣れなユーザーなら、そんなことは怖くてできないと尻込みしてしまうかもしれません。こんなときこそ、ChatGPTの出番です。

他のユーザーが作成したマクロの組み込まれたExcelファイルを受け取ったら、「表示」メニューの「マクロ」を指定すると、「マクロ」ダイアログボックスが表示されます。このダイアログボックスで、マクロの中身を見たいマクロを指定し、「編集」ボタンをクリックします。するとVBAエディタが起動し、マクロの中身を表示してくれます。このVBAエディタ内に表示されているマクロを読めば、うまく動かない部分を修正したり、自分向けに変更したりできます。

▼マクロに何が書かれているかも聞いてみる

マクロに詳しいユーザーなら、このVBAエディタ内に表示されているマクロを読み、必要なら修正してうまく動かない部分、あるいは自分向けに変更したい部分を修正することもできるでしょう。

しかし、マクロに詳しくないユーザーでは、その中に何が書かれていて、それがどのような意味で、どう修正すればいいのかなどわからないことばかりです。

そこでマクロの先頭までカーソルを移動し、[Shift]キーを押しながらマ

クロの末尾まで範囲選択します。その状態で[Ctrl]+[C]キーを押して、ク
リップボードにコピーしてしまいましょう。

1 「マクロ」ダイアログボックスで内容を知りたいマクロを選択し（①）、
「編集」をクリックする（②）

2 VBAエディタが起動し、マクロの中身が表示される

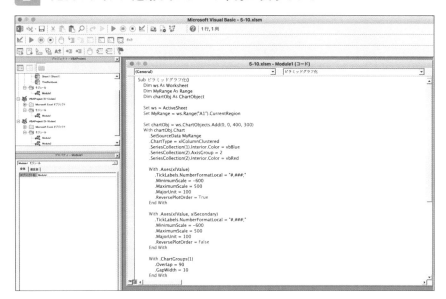

　次にChatGPTを開き、次のように記入して、最後に[Ctrl]+[V]キーを押してクリップボードにコピーしておいたマクロを貼り付けます。

「次のマクロを説明してください」

　すると、マクロの内容を解説してくれます。**ChatGPTの回答の中でわからないことがあれば、同じチャットでどんどん聞いてしまいましょう。**
　どんなにしつこく同じ質問を繰り返しても、嫌な顔をせずに答えてくれるのがChatGPTのよいところです。そうやって質問していくうちに、やがてVBAの基礎を習得し、中級者に成長しているのを実感するはずです。

📖 Memo

ChatGPTの回答はある程度の知識のあるユーザー向けのことも少なくない。本当の初心者なら、それらの回答がわからないこともある。そんなときは、「超初心者向けに説明してください」「小学生にもわかるように説明してください」などと指定するか、最初から1行、1文ずつ指定し、その部分はどんな意味なのか教えてくれるように聞いてみる

エラーの原因と対策を聞く

VBA習得の貴重なアドバイス

　Excelのマクロを実行したとき、エラーが出たり、思っているような動作が実現しないこともあります。

　マクロ実行時のエラーは、初心者には心臓に悪いもの。VBA言語に詳しくないのに、エラーまで出てしまうのでは、どうすればいいのか途方に暮れてしまいます。

　もちろんこれもChatGPTに質問してみましょう。エラーの内容とその解決策を質問するのです。エラーの内容をコピーし、コピーできない場合はエラーの内容を控えておき、ChatGPTのプロンプトで指定します。

VBAマクロで「コンパイル エラーです。：メソッドまたはデータ メンバーが見つかりません。」というエラーが出たのですが、どうしたらいいですか。

「コンパイル エラーです。：メソッドまたはデータ メンバーが見つかりません。」というエラーは、通常、VBAコード内の特定の行で、存在しないメソッドやデータメンバーが参照されている場合に表示されます。

このエラーを解決するために、次の手順を試してみてください。

1. スペルミスを確認：使用しているメソッドや変数のスペルを確認してください。正しいスペルであることを確認しましょう。
2. 正しいオブジェクト/変数を参照しているか確認：エラーが発生している行で、正しいオブジェクトや変数を参照しているか確認し

ます。たとえば、間違ったオブジェクトに対してメソッドを呼び出していないか確認してください。

（以下、略）

▼番号を指定して解決策を質問する

このエラーが出たときの解決策として、いくつかの方法が回答されました。VBAについて多少わかっているユーザーなら、どこを修正すればいいのかわかるかもしれません。

回答を読んでも、どこを修正すればいいのかわからないこともあるでしょう。回答では、エラー修正の方法が番号付きの箇条書きで表示されていました。そこで次のように再度質問してみます。

1は大丈夫でした。2は具体的にエラー箇所を知る方法はありませんか。

エラーが発生している具体的な行やコード箇所を特定するためには、デバッグツールを使用することが役立ちます。

VBAエディタで以下の手順を試してみてください：

1. デバッグモードで実行：エラーが発生するコードの箇所を特定するために、VBAエディタでマクロをデバッグ実行します。エラーが発生する行でコードの実行を一時停止させます。

（中略）

デバッグモードでマクロを実行するためには、次の手順を実行します：

1. VBAエディタでマクロのコードを開きます。
2. エラーが発生すると思われる行の左側にカーソルを置きます。
（以下、略）

　VBAエディタでは、デバッグモードを実行することで、エラーが発生するコードの場所を特定できる可能性があります。また、デバッグモードを実行するためにはどう操作すればいいのかも、回答してくれました。

　この回答に沿って、デバッグモードを利用してエラー箇所を特定し、コードを修正するのもいいですが、面倒だったり、デバッグモードをうまく操作できなかったり、エラー箇所がわかってもどう修正すればいいのか判然としないこともあるでしょう。

　こんなときは、やはりChatGPTに丸投げしてしまいましょう。同じチャットで、今度はVBAのコードを貼り付け、エラー箇所を特定し、さらに修正まで頼んでしまうのです。

エラー箇所とその修正をお願いします。コードは次の通りです。
Sub 動的範囲を指定する()
**　Dim 選択範囲 As Range**
**　On Error Resume Next**
（以下、略）

　このVBAコードにはいくつかの修正が必要です。最後の行でエラーが発生していますが、その前にも修正が必要な部分があります。修正されたコードは以下の通りです：

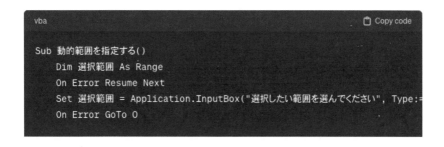

（中略）

修正点は次の通りです：

選択範囲.Nothing を選択範囲.ClearContents に変更しました。Nothing
はオブジェクトの解放を意味しますが、選択範囲の内容を削除したい
場合は ClearContents メソッドを使用する必要があります。
これにより、マクロはユーザーが選択した範囲の内容をクリアするこ
とができます。必要に応じて他の操作を行いたい場合は、コードを追
加して修正してください。

　貼り付けたコードが修正され、修正後のコードが表示されました。また、
修正した箇所が詳しく説明されています。
　この修正された箇所の説明は、ぜひ読んでおきたいものです。今後 VBA
を習得するためにも貴重なアドバイスです。
　修正されたコード部分で「Copy code」ボタンをクリックし、VBA エ
ディタに戻ってコードをすべて修正されたものに上書きします。これでマ
クロを実行すれば、エラーが出ずに正しく実行されるでしょう。
　もし再びエラーが出るようなら、やはりエラーメッセージをコピー＆
ペーストし、あるいはコードをすべてコピーし、ChatGPT に修正してくれ
るようお願いします。何度かこの作業を繰り返すことで、エラーの出ない
マクロが完成するはずです。

コードに新しい機能を追加する

自分好みの表にする

　作成したコードに、**新しい機能を追加したいとき**にはどうしたらよいでしょうか。たとえば、作成した表を選択し、この表の縦横を逆転させたい、といった例で考えてみます。

　表を作成したあとに、行と列を入れ替えたくなるときがあります。もちろん、入れ替えたい表を選択し、貼り付けるときにオプションで「行/列の入れ替え」を指定して行列を入れ替えた表を作成することもできます。

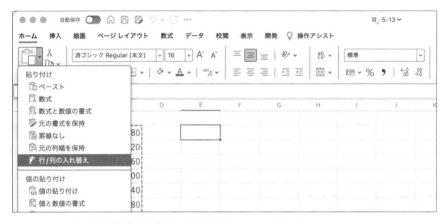

コピーした表を、行/列を入れ替えて貼り付けるメニューがある

　あるいは、行/列を入れ替えたい表のセル範囲を指定し、TRANSPOSE関数を利用して実現することもできます。

　けれども、たとえばすでに範囲選択を行うマクロを作成して組み込んでいたとき、このマクロに行/列を入れ替えた表にする機能を追加したらどうでしょう。

　表のセル範囲を選択するマクロは、次のものです。

```
Sub 動的範囲を指定する()
  Dim 選択範囲 As Range
  On Error Resume Next
  Set 選択範囲 = Application.InputBox("選択したい範囲を➡
選んでください", Type:=8)
  On Error GoTo 0

  If Not 選択範囲 Is Nothing Then
      選択範囲.Select
  End If
End Sub
```

▼選択範囲の行／列を入れ替えて貼り付ける機能を追加する

　このマクロに、選択範囲の行／列を入れ替えて貼り付ける機能を追加してみましょう。やはりコードをコピー＆ペーストし、ChatGPTに聞いてみます。

次のコードに、範囲指定した部分の行と列を入れ替えた表を作成する機能を追加してください。

```
Sub 動的範囲を指定する()
  Dim 選択範囲 As Range
  On Error Resume Next
  Set 選択範囲 = Application.InputBox("選択したい範囲を➡
選んでください", Type:=8)
  On Error GoTo 0
（中略）
```

申し訳ありませんが、ExcelのVBAコードはテキストベースで直接実行できるわけではないので、そのままでは機能を追加することはできません。ただし、指示をもとに、行と列を入れ替える機能を実装する方法を説明できます。

行と列を入れ替えるには、VBAを使用して次の手順を実行する必要があります。

1. 選択した範囲の行と列を取得します。
2. 選択した行を一時的な配列に格納します。
（以下、略）

　ChatGPTは、そのままでは機能を追加できませんが、機能を実行するためのマクロを表示してくれました。先にこちらで作成していたマクロに、追加する形で新しい機能、ここでは選択範囲の行／列を入れ替えた表を貼り付ける機能を追加してくれました。
　表示されているマクロの右上の「Copy code」ボタンをクリックし、VBAエディタに戻って貼り付け、ファイルを保存して実行してみましょう。
　マクロを実行すると、表の範囲選択を行うダイアログボックスが現れるので、マウスで表を選択して「OK」ボタンをクリックします。すると選択していた表の行と列が入れ替わった表が、カーソル位置に貼り付けられて表示されました。これで成功です。
　ChatGPTを使えば、表の縦横を一瞬で入れ替えるマクロも簡単に作成できました。これで表の縦横に悩む時間も、手作業で縦横を入れ替える時間も不要になります。表作りが大幅に効率化するはずです。

1 マクロを実行すると、まず表の範囲選択を行う「入力」ダイアログボック
スが現れるので、マウスで表を選択し（①）、[OK]をクリックする（②）

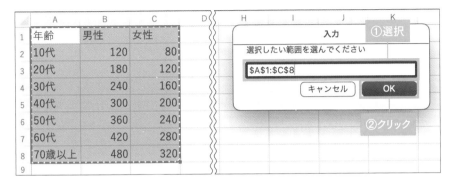

2 選択した表の行と列が入れ替わった表に変わる

	A	B	C	D	E	F	G	H
1	年齢	10代	20代	30代	40代	50代	60代	70歳以上
2	男性	120	180	240	300	360	420	480
3	女性	80	120	160	200	240	280	320
4								

オリジナルの関数を作る

自分だけの便利な関数を作ってもらう

　Excelでは関数を利用することで、さまざまな計算や機能を実現できます。よく知られているものにSUM関数がありますが、これはセル範囲を指定して、そのセルに記入されている数値やデータを合計する関数です。単純な数式でも実現できますが、関数を使ったほうがより便利です。

　Excelにはこうした便利な関数がたくさん用意されていますが、逆に関数が多すぎて、どのよう場面でどの関数を使えばいいのかがわかりません。あるいは、実行したいと思っている機能を実現するものが見当たらないことも多いでしょう。

　そんなときのために、Excelは**ユーザーが独自に関数を作成できる**ようになっています。マクロはその一例といってもいいのですが、このマクロで**Functionプロシージャ**を利用することで、オリジナルの関数を作成できるのです。

　なお、プロシージャとはVBAの処理をまとめたもののことです。通常のマクロは、次のような構造になっています。

```
Sub プロシージャ名()
    'VBAの処理
End Sub
```

　これがマクロの最も基本的な構造ですが、Functionプロシージャは関数を定義するための手続きの一種です。設定した処理を行い、その結果を返すプロシージャです。

　たとえば、次のような関数を作成してみます。ごく簡単な関数で、引数に指定した数値やセルを、もうひとつの引数にやはり数値やセルを指定す

ると、2つのセルの値を掛けてその結果を表示する関数です。

```
Function Kakeru(ByVal num1 As Double, ByVal num2 As ➡
Double) As Double
    ' 2つの数値を掛けるカスタム関数
    Kakeru = num1 * num2
End Function
```

このマクロを、VBAエディタを起動して「挿入」-「標準モジュール」を指定して書き込み、マクロ有効なファイルとして保存してみましょう。

標準モジュールでコードを記入し、保存する

関数などといっても、それほど難しくはないでしょう。オリジナルの関数名を決めて、その関数の動作を設定すると、このオリジナル関数を記述したセルに設定していた動作を行ったあとの値が表示される流れです。

作成した独自関数のKakeruを実行する。指定した2つのセルの値を掛け合わせた数値を表示してくれる

マクロがそこそこ使えるようになると、こんなことも可能になるのですが、実際にはこんな動作をする関数を作ってほしいと、ChatGPTに質問するだけで簡単な関数は作成できてしまうのです。

▼オリジナル関数でChatGPTを使う

では、もう少し手の込んだ関数を作ってみましょう。

表を作成したら、見栄えをよくするために、表の外枠に罫線を設定し、1行目に背景色を指定し、2行目から1行おきに薄い背景色を設定する、といった一連の動作をマクロ化してみましょう。

　いつもの作業で、最後に作表の仕上げとして、必ずやっておきたい操作です。毎回同じことをやるのは面倒で、効率も悪いものです。作業の効率化のためにこそ、マクロを使いたいものです。

　このマクロの動作は、次のようになります。

① 表を選択する
② 表全体の外側に外枠の罫線を設定する
③ 表の1行目に薄いグレーの背景色を設定する
④ 表の2行目から1行おきに淡いグリーンの背景色を設定する

　以上の操作をマクロ一発で実行できるようにしてしまうのです。

　複数の操作が必要になるので、マクロのコードにも少し悩みます。こんなときこそChatGPTに聞いてしまいましょう。この一連の操作を、箇条書きのままChatGPTに投げ、マクロを作成してほしいと頼んでみました。

Excelのマクロを作ってください。必要な機能は次のものです。
①表を選択する
②表全体の外側に外枠の罫線を設定する
③表の1行目に薄いグレーの背景色を設定する
④表の2行目から1行おきに淡いグリーンの背景色を設定する
この機能を、1つのマクロで実現してください。

　Excelのマクロでそれらの機能を実現するために、VBAを使用します。以下は、要求された機能を持つマクロの例です。

```vba
Sub FormatTable()
    ' 表を選択する
    Dim selectedTable As Range
    Set selectedTable = Selection

    ' 表全体の外側に外枠の罫線を設定する
    selectedTable.Borders.LineStyle = xlContinuous
```

（以下、略）

あっという間にマクロが作成され、コードが表示されました。このコードを「ファイル」メニューで「保存」を指定してシートに保存します。

実際にマクロを動かすやり方はこれまでと同じです。「マクロ」-「マクロの表示」を指定し、現れた「マクロ」ダイアログボックスで作成したマクロを指定します。す

	A	B	C	D
1	会社名	住所	売上高	
2	株式会社高円寺	東京都杉並区高	120000	
3	株式会社山下	神奈川県横浜市	150000	
4	株式会社梅田	大阪府大阪市北	180000	
5	株式会社栄	愛知県名古屋市	200000	
6	株式会社渋谷	東京都渋谷区渋	110000	
7	株式会社新宿	東京都新宿区新	130000	
8	株式会社池袋	東京都豊島区池	160000	
9	株式会社横浜	神奈川県横浜市	190000	
10	株式会社川崎	神奈川県川崎市	100000	
11	株式会社千葉	千葉県千葉市中	120000	
12	株式会社船橋	千葉県船橋市船	140000	
13	株式会社柏	千葉県柏市柏1-	160000	
14	株式会社さいたま	埼玉県さいたま	180000	
15	株式会社川口	埼玉県川口市川	190000	

マクロが実行され、設定した通りに表が整形された

ると範囲指定のダイアログボックスが現れるので、表の範囲を選択します。その結果、外枠が追加され、1行目にグレーの背景色が設定され、2行目から1行おきに淡いグリーンの背景色が設定されました。作成しようと思ったマクロの機能そのものです。

定　　数	外枠線
xlHairline	極細
xlThin	細
xlMedium	中
xlThick	太

なお、マクロ内での外枠線の指定は、右の定数で設定・変更できます。

外枠線を変更したいときは、マクロ実行中に、外枠線の太さを選択できるように改良してみましょう。これももちろんChatGPTに聞いてみます。

マクロ実行中に外枠線の太さを選択できるようにしたい。

マクロ実行中に外枠線の太さを選択できるようにするには、ユーザーが太さを選択できるようにダイアログボックスを表示し、その選択を使用する必要があります。以下は、外枠線の太さを選択できるダイアログボックスを実装した修正されたマクロです。

```vba
Sub FormatTableWithBorderThickness()
    ' 表を選択する
    Dim selectedTable As Range
    Set selectedTable = Selection

    ' ユーザーに太さを選択させるためのダイアログボックスを表示する
    Dim borderThickness As Variant
    borderThickness = InputBox("外枠線の太さを選択してください (1 から 4 の間の数
```

（以下、略）

こちらも即座にコードを表示してくれました。このコードを、先に貼り付けたVBAエディタのモジュールと置き換えて貼り付けます。

このマクロを実行すると、まず外枠線の太さを指定するダイアログボックスが現れるので、1〜4のいずれかの数値を記入します。1が極細で4が太線になっています。

このダイアログボックスで「OK」ボタンをクリックすれば、外枠線が引かれ、1行目にグレーの背景色、2行目以降1行おきに淡いグリーンの背景色が設定された表に整形されました。

Excelのマクロも、ChatGPTを使えば簡単に作成できます。この組み合

わせでルーティンワークをどんどん自動化してしまいましょう。

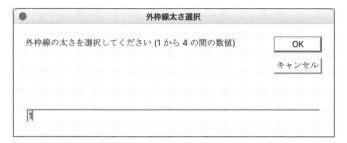

マクロを実行すると、ダイアログボックスが現れて外枠線の太さを指定できる

	A	B	C	D	E	F	G
1	**会社名**	**住所**	**売上高**				
2	株式会社高円寺	東京都杉並区高	120000				
3	株式会社山下	神奈川県横浜市	150000				
4	株式会社梅田	大阪府大阪市北	180000				
5	株式会社栄	愛知県名古屋市	200000				
6	株式会社渋谷	東京都渋谷区渋	110000				
7	株式会社新宿	東京都新宿区新	130000				
8	株式会社池袋	東京都豊島区池	160000				
9	株式会社横浜	神奈川県横浜市	190000				
10	株式会社川崎	神奈川県川崎市	100000				
11	株式会社千葉	千葉県千葉市中	120000				
12	株式会社船橋	千葉県船橋市船	140000				
13	株式会社柏	千葉県柏市柏1-	160000				
14	株式会社さいたま	埼玉県さいたま	180000				
15	株式会社川口	埼玉県川口市川	190000				

指定した外枠線が引かれ、1行目に背景色、2行目から1行おきに背景色が設定された

GPTsを利用するために有料版に加入する

プラグインも利用できるようになる

ChatGPTには2023年11月に**GPTs**という機能が搭載されました。

このGPTsはひとことでいえば、自分だけのGPTを作成して専用のGPTを利用できる機能です。実際に専用のGPTを作成するのは、それほど手間はかかりませんが、この機能を公表した時点でOpenAIからいくつものGPTが公開されています。その中には、たとえばExcelのファイルを送信すれば内容を分析してくれるものまであり、公開されているGPTだけでも便利に活用できます。

> **Memo**
>
> GPTsを利用できるのは、有料版のChatGPT、つまりChatGPT Plusのユーザーか、企業向けの会員であるChatGPT Enterpriseユーザーのみ

▼ChatGPT Plusへの移行の仕方

有料版ChatGPTであるChatGPT Plusに移行するには、ChatGPTにログインしたら、画面左側の下のほうにある「Upgrade plan」のメニューをクリックします。すると「Upgrade your plan」ダイアログボックスが現れるので、右側の「Plus」のほうにある「Upgrade to Plus」をクリックします。

カード情報の登録画面に変わったら、必要事項を記入します。有料版のChatGPT Plusは、月額20米ドルのサブスクリプションになります。

1 「Upgrade your plan」ダイアログボックスで「Upgrade to Plus」を
クリックする

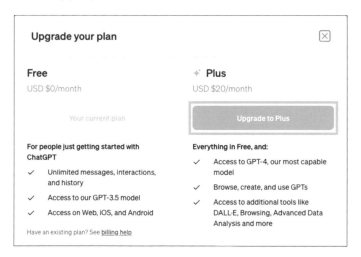

2 カード情報の登録画面に変わるので、必要事項を記入する

　プログラムを作成する機会などほとんどないというユーザーでも、無料
版のChatGPTはGPT-3.5という言語モデルを使用しているのに対し、有料
版はこのGPT-3.5に加え、GPT-4という言語モデルも使用できます。さら
に有料版なら、豊富な**プラグイン**も利用できるようになります。

プラグインとは、ChatGPTの機能を拡張するための追加モジュールで、テキスト生成の機能を拡張できるものです。

　配布されているプラグインの中には、URLを指定して特定のページをもとに回答してくれるものや、指定したWebサイトやドキュメントの情報を取得し、独自のAIチャットボットを作成してくれるものなどもあります。これらのプラグインは、ただテキストを生成させたり翻訳させたり、あるいは文章を要約させるといったこと以上に、ChatGPTを便利で強力なツールに変えてくれます。

　また、有料版なら画像生成AIのDALL-E3を利用した画像生成もできるようになります。

　カード情報登録ページで必要事項を記入し、「申し込む」ボタンをクリックすると、しばらくするとChatGPT Plusが利用できるようになります。これで有料版ユーザーだけが利用できるGPTsも使えるようになっています。

🖑 **Point**

有料版のChatGPT Plusに加入すれば、さまざまなプラグインも利用できるようになる

GPTsで経営分析

便利なGPTが多く公開されている

GPTsにはいくつもの機能があります。自分だけのGPTが作成できるのもひとつの魅力ですが、どんなGPTを作成したらいいのかすぐには思いつかないかもしれません。

しかし、すでに公開されているGPTを使ってみることはできます。ChatGPTにログインしたら、右上の「Explore」をクリックしてみましょう。すると次のように、すでに公開されているGPTが一覧表示されます。

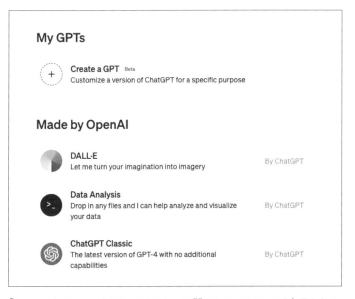

「Explore」メニューをクリックすると、公開されているGPTが表示される

この GPT 一覧画面の一番上に、「**My GPTs**」という項目があり、さらに「**Create a GPT**」という項目があります。この項目をクリックすると、自分だけのGPTが作成できます。

OpenAIによって作成・公表されているGPTは、その下のほうに表示されています。画像生成AIを利用できる「DALL-E」や、Webを参照して情報を検索するWeb Browserなどがあります。

▼データ分析をしてくれるGPT「Data Analysis」

　これらの中に「**Data Analysis**」というGPTもあります。これは、ファイルを送信するとファイルの中身を解析し、データを分析してくれるGPTです。本書はExcelとChatGPTを組み合わせて利用する方法を解説しているので、このGPTを利用してExcelファイルを送信し、経営分析をしてみましょう。

　GPT一覧画面で「Data Analysis」をクリックすると、Data Analysisのトップ画面に変わります。

Data Analysisのトップ画面。左側にあるプロンプトに送信したファイル名が表示されている

　画面そのものは、ChatGPTの画面とほとんど変わりません。この画面に書かれているように、ファイルを送信すると、そのファイルの中身を分析し、データ解析を行ってくれるのが、このGPTの機能です。

　このData Analysisの画面に、内容を分析してほしいExcelファイルをドラッグ＆ドロップしてみましょう。するとファイルが送信され、プロンプトに送信したファイル名が表示されています。

　このファイルはIT企業の売上高や経常利益などを記入したファイルですから、ここでは「経営分析をしてください」とだけ指示してみました。するとファイルの中身を分析し、経営分析をしてくれます。

5-04 2.xlsm
File

経営分析をしてください。

経営分析を行うために、アップロードされたファイル「5-04 2.xlsm」を確認しましょう。まずは、ファイルの内容を調査して、どのようなデータが含まれているかを確認します。その後、適切な分析手法を選択して経営分析を進めていきます。データを読み込んで内容を確認してみましょう。

（以下、略）

　どうでしょう。これまでなら各項目の数字をプロンプトに追加して指定していたものが、必要なファイルを送って指示するだけで、詳細な経営分析をした結果を回答してくれました。

　この回答をコピーして、元のExcelファイルに追加したり、あるいは回答に表示されているグラフを張り込んだり、また別のレポートや報告書にこの回答を付け加えたりするだけで、かなり立派な経営分析レポートが完成してしまいます。

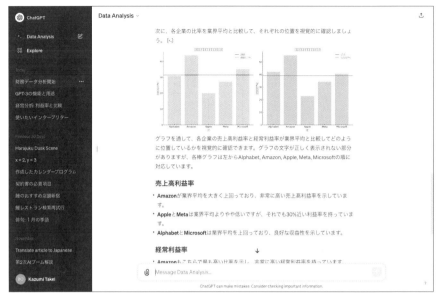

グラフも表示して、本格的な経営分析が行われている

　GPTsは未知の機能です。ChatGPTが利用され、自分だけのGPTを作成するユーザーが増えれば、このGPTsに公開されるGPTも多くなっていくでしょう。それらの中には、もっと便利で役に立つGPTもあるでしょう。

　あるいは、資料やデータファイルをアップロードし、社内で使っているマニュアルをアップロードし、これらのデータから自社にとって便利なGPTを作成することも難しくありません。

　Excelに限らず、ChatGPTと組み合わせることで、より生産性の高い、効率化された仕事ができるようになるのです。その意味でも、GPTには大きな期待が寄せられています。

Chapter 6

ChatGPT × Excelで
仕事を自動化する

ChatGPT × Excel で自動化する

自動化できる仕事は無限大

　ChatGPTに代表されるテキスト生成AIは、仕事を効率化してくれるだけでなく、私たちの仕事を奪う可能性もあります。

　米投資銀行ゴールドマン・サックスが2023年3月に発表した報告書（The Potentially Large Effects of Artificial Intelligence on Economic Growth）によれば、生成AIは3億人分のフルタイムの仕事に匹敵する可能性があるとされています。また、AIに影響を受けると予想される割合も記載されており、それによれば「米国の雇用のうち約3分の2はAIによって自動化され、業務の25〜50パーセントがAIに取って代わられる可能性がある」としているのです。

　もちろん、AIによって3億人の仕事が奪われ、3億人が失業する、などという意味ではありません。3億人分の仕事がなくなり、失業する人もいれば、別の仕事に就く人も出てきます。また、これまで以上に仕事量が増え、それをAIによって片付けていく、といった世界が訪れるのでしょう。

　そんな時代には、ビジネスパーソンは二極化しているかもしれません。AIを使ってバリバリ仕事をしていく人と、AIを使えずに身体を使った仕事に転職せざるを得ない人との二極化です。AIの影響を最も受けるのは、これまでのホワイトカラーだからです。

　仕事をバリバリこなしていくためには、いま以上に仕事の効率化が求められます。生成AIを利用した仕事の効率化も必須ですし、さらに効率をアップさせるために、**ExcelとChatGPTを組み合わせ、日常的にこなしている単純作業やルーティンワークを自動化していくこと**も必要です。

　これまで説明してきたように、ChatGPTを利用すればExcel作業のうち何割かは自動化させることができます。もちろん、これまでExcelを使いこなし、作業の自動化を行っていたユーザーもいるでしょう。しかし、

ChatGPTを使えばそんな作業の自動化が、誰でも簡単にできるようになるのです。

　Excel作業の自動化は、そのほとんどがマクロや独自の関数によって実現しています。そのマクロは、VBA言語によって作成され、Excelに組み込まれ、ワンクリックで必要な作業を完了します。

　つまり、Excel作業の自動化のためには、**マクロを作成したり組み込んだりといった準備が必要**なのです。そのマクロは、VBA言語で作成しますが、それさえChatGPTに作ってもらえます。

▼誰でも作業を自動化し、何倍もの仕事をこなせるようになる

　では、どんな作業が自動化できるのでしょうか。これまでマクロをあまり使ってこなかったユーザーには、あまりイメージがわかないかもしれません。たとえば、会議の資料をExcelで作成、作成したファイルをPDF形式で印刷するといった作業は少なくありません。ファイルを作成したらフォントや文字の大きさを設定し、これをPDFとして印刷するための設定を行い、実際に必要な部数を指定して印刷するでしょう。この操作の流れが、ワンクリックで完了してしまったらどうでしょう。

　あるいは、作成した表のデータに空欄がないか、英数字やカタカナに半角・全角の混在はないかなど、データの細かなチェックも必要です。これもワンクリックでできたら便利です。

　作成したデータをビジュアル化するため、表からグラフを作成し、その大きさを変更し、さらにこのグラフをPowerPointに貼り付けるなど、そんな作業も本来の業務とはかけ離れた単純作業ともいえるものです。

　こうして改めて考えてみれば、Excelでの作業を自動化すれば、仕事の効率が随分とアップする作業がいくつもあります。これまで効率がアップすることはわかっているが、マクロを勉強している時間もないと思っていたユーザーも、これからはChatGPTとExcelを組み合わせることで、**誰でも作業を自動化し、何倍もの仕事をこなせるようになる**可能性があるのです。

顧客リストを分割し、男女別に抽出する

会社の財産を使いやすいように整形する

　簡単な例を挙げてみましょう。たとえば、顧客リストです。

　どの企業でも、顧客リストのようなものを作成している部署は多いでしょう。顧客リストだけでなく、商品別の顧客リストやマーケティングのため、アンケートを実施してそれを回収したリスト、サンプル商品を発送するためのリストなど、さまざまなリストがあります。

　これらのリストは、最初からよく考えて作成すればいいのですが、通常はそのときの必要に迫られて必要項目や書き方などを決めていたでしょう。このリストは、いわば会社の財産ともいえるものです。どのような項目で、どう記述するか、ある程度のリスト設定が決まったら、この設定に従って従来のリストを整形しておきたいものです。

▼住所の欄を都道府県レベルに分割する

　顧客リストでは、複数の列に名前と性別、住所、年齢などが記載されているでしょう。このリストを、住所は都道府県レベルで分割し、年齢層や性別によって分類・抽出できるように変更してみましょう。

A1		× ✓	fx	名前				
	A	B	C	D	E	F	G	H
1	名前	住所	性別	年齢				
2	田中 太郎	東京都杉並区高円寺南3-	男性	20				
3	山田 花子	神奈川県横浜市中区山下	女性	21				
4	佐藤 一郎	大阪府大阪市北区梅田1-	男性	22				
5	鈴木 美子	愛知県名古屋市中区栄1-	女性	23				
6	髙橋 二郎	東京都渋谷区渋谷1-1-1	男性	24				
7	中村 三郎	東京都新宿区新宿1-1-1	男性	25				
8	伊藤 四郎	東京都豊島区池袋1-1-1	男性	26				
9	小林 五郎	神奈川県横浜市中区横浜	男性	27				

従来作成していた顧客リスト

　このリストの各項目は、単純に名前や住所、性別、年齢に分けられているだけです。そこでまず、**住所の欄を都道府県レベルに分割してみましょう。**

　住所を都道府県別に分割するマクロは、ChatGPTに次のように指定して作成してみます。

1つのセルに住所が記入されています。これを都道府県で分け、2つの列に分類するマクロを作成してください。

もちろんです。住所が1つのセルに入力されており、都道府県で分けて2つの列に分類するマクロを作成します。以下はVBA（Excelのマクロ言語）でのサンプルコードです。

```vba
Sub 分割するマクロ()
    Dim 対象セル As Range
    Dim 住所 As String
    Dim 都道府県 As String
    Dim 分割位置 As Integer

    ' A1セルを対象にする場合、A1のセルを指定してください
    Set 対象セル = Range("A1")
```

（以下、略）

　ChatGPTは即座にマクロを作り、表示してくれました。ただし、詳しいことまでは説明していないため、住所が記載されているセルをA1としたマクロになっているので、**作成しているリストに合わせてセル番地を変更する必要があります。** これは作成されたマクロ内にも注釈として記述されていました。

　VBAコード部分には、右上に「Copy code」というボタンがあるので、

このボタンをクリックします。するとコードはクリップボードにコピーされます。

　次に、実際にExcelで作成している顧客リストのファイルを開き、「開発」タブ画面で「Visual Basic」ボタンをクリックしてVBAエディタを開きます。VBAエディタが開いたら、メニューから「挿入」-「標準モジュール」を指定します。これで標準モジュール画面が開くので、[Ctrl]+[V]キーを押し、ChatGPTでコピーしておいたコードを貼り付けます。

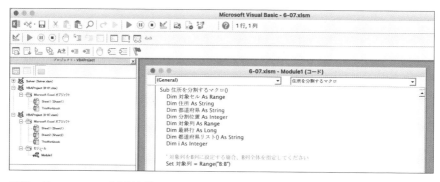

標準モジュールにコードを貼り付ける

　ChatGPTの回答にもあったように、表に合わせてコードを変更します。具体的には住所が記入されている列がB列のため、次のように書き換えました。

```
' A1セルを対象にする場合、A1のセルを指定してください
    Set 対象セル = Range("B2")
```

　必要箇所を変更したらシートに戻り、マクロメニューから「マクロ」-「マクロの表示」を指定します。すると「マクロ」ダイアログボックスが開き、いま作成したマクロ、ここでは「分割するマクロ」が表示されています。このマクロを選択して、「実行」ボタンをクリックしてみましょう。

	A	B	C	D	E	F	G
	C2			杉並区高円寺南3-1-1			
1	名前	住所		性別	年齢		
2	田中 太郎	東京都	杉並区高円寺南3-1-1	男性	20		
3	山田 花子	神奈川県	横浜市中区山下町1-1-1	女性	21		
4	佐藤 一郎	大阪府	大阪市北区梅田1-1-1	男性	22		
5	鈴木 美子	愛知県	名古屋市中区栄1-1-1	女性	23		
6	髙橋 二郎	東京都	渋谷区渋谷1-1-1	男性	24		
7	中村 三郎	東京都	新宿区新宿1-1-1	男性	25		
8	伊藤 四郎	東京都	豊島区池袋1-1-1	男性	26		
9	小林 五郎	神奈川県	横浜市中区横浜1-1-1	男性	27		

マクロを実行すると住所が分割され、C列に都道府県名が記入された

▼自動化の最大のメリット

　これでシートの表部分の住所列が、都道府県とそれ以降の住所とに分割されました。ただし、大きな問題があります。

　まず、マクロは指定したセル、ここではB2ですが、このセルでのみ住所の分割が行われました。さらに、分割された都道府県は隣のC2セルに記入され、本来あったC2セルの性別のデータは失われてしまいました。これでは怖くて使えません。

　そこでChatGPTに、いまマクロを作ってもらったのと同じチャットで、次のように指示しました。

　最初にC列以降の列、C列、D列を右にズラし、C列を空欄にしてください。次に住所を分割するのはB列に記入されているすべてのセルですから、1つのセルで分割したら、次行のセルに移動してやはり住所を分割し、最後のセルまで繰り返してください。また、分割した住所の都道府県はB列に記入し、C列に都道府県以降の住所を記入してください。これでマクロを修正してください。

　了解しました。指示通り、C列以降の列を右にズラしてC列を空にし、そしてB列に記入されているすべてのセルに住所を分割して都道府

県をＢ列に、都道府県以降の住所をＣ列に記入するマクロを作成します。

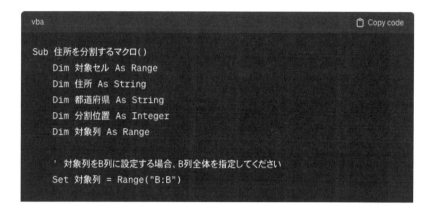

```vba
Sub 住所を分割するマクロ()
    Dim 対象セル As Range
    Dim 住所 As String
    Dim 都道府県 As String
    Dim 分割位置 As Integer
    Dim 対象列 As Range

    ' 対象列をB列に設定する場合、B列全体を指定してください
    Set 対象列 = Range("B:B")
```

（以下、略）

　随分と細かい指定です。ChatGPTは指定するだけでたいていのことは回答してくれますが、**指示が具体的になればなるほど、間違いの少ない回答をしてくれる**のです。どのような動作をさせたいのか、実際に作成している表に合わせて、なるべく細かくプロンプトを記入したほうがいいのです。

　今回も表示されたコードをコピーし、Excelに戻って先ほど作成した標準モジュール内のコードをすべて削除して、新しいコードで上書きしました。

　この状態で、やはり「マクロ」-「マクロの表示」を指定し、現れた「マクロ」ダイアログボックスで「住所を分割するマクロ」を指定して「実行」ボタンをクリックしました。

	A	B	C	D	E	F	G	H
1	名前	住所	性別	年齢				
2	田中 太郎	東京都杉並区高円寺南3-	男性	20				
3	山田 花子	神奈川県横浜市中区山下	女性	21				
4	佐藤 一郎	大阪府大阪市北区梅田1-	男性	22				
5	鈴木 美子	愛知県名古屋市中区栄1-	女性	23				
6	髙橋 二郎	東京都渋谷区渋谷1-1-1	男性	24				
7	中村 三郎	東京都新宿区新宿1-1-1	男性	25				
8	伊藤 四郎	東京都豊島区池袋1-1-1	男性	26				
9	小林 五郎	神奈川県横浜市中区横浜	男性	27				

A1　*fx*　名前

修正されたマクロを実行すると、正しく住所が分割された

　ここまでやっても、まだエラーが出たりうまく動作しなかったりすることもあるでしょう。ChatGPT は質問やプロンプトによって、回答が毎回異なってきます。そのため、本書に掲載した画面などと異なる回答が表示されるケースが大半です。

　しかし、**マクロを作成してもらい、これを実行し、エラーが出れば再度ChatGPTに報告して修正してもらう**、という手順を何度か行うと、正しく動作するマクロが作成できるはずです。

　こうして作成したマクロが、あなたのExcel作業を自動化してくれます。自動化して浮いた時間のほうが、ChatGPT に質問してトライ＆エラーを繰り返す時間より、ずっと長く、別の仕事に使えるようになっていくでしょう。これが自動化の最大のメリットなのです。

📖 Memo

本章ではExcel作業の自動化を実現するため、ChatGPTに質問し、マクロを作成してもらう作業を行っている。他の項目でも同じように、ChatGPTに指示してマクロを作成し、コードをコピー＆ペーストし、マクロを動かす作業を行う必要がある。詳しい操作は本項でしか説明しないが、作業手順はほぼ同じ

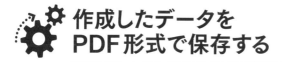

作成したデータを PDF形式で保存する

異なる企業や部署の要望を一気に解決

Excelで作成した表を、会議の資料などのためにPDF形式にして出力したり、印刷のためにPDF化したりするケースがあります。最近ではどの企業でもDX化のためにペーパーレスが叫ばれており、PDF形式でファイルにしておくことも多いでしょう。

Excelのファイルを PDFにして保存するのは、特に手間のかかる作業ではありません。Excel ファイルを開いた状態で、「ファイル」メニューから「名前を付けて保存」を指定し、現れたダイアログボックスで「ファイル形式」欄で「PDF」を指定して、ファイルを保存すればいいだけです。

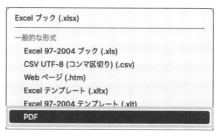

ファイルの保存形式に「PDF」を指定して保存する

▼１回の操作で複数の作業を終わらせる

この作業をマクロで実行しても、メニューからマクロを選択し、マクロを実行する、という操作を行う必要があるので、それほど手間は変わらないでしょう。

しかし、たとえばPDF化したあとにファイル名も変更したいといったケースや、複数のシートのあるファイルのすべてのシートをPDF化して保存したいなど、企業や部署、作業によってそれぞれ要望も異なります。手作業ならそれらの要望を満たすよう複数の作業が必要になってきますが、**必要な作業をマクロにしてしまえば、１回の操作で複数の作業が完了して**

しまいます。

　たとえばここでは、開いているシートをPDF化し、ファイル名を変更して保存するという操作を、マクロで作成してみましょう。また、ファイル名は既存のものではなく、PDF化して保存するときに入力を求めるようにしてみましょう。

　ChatGPTには、次のように指示してみました。

Excelで開いているファイルをPDF化して、ファイル名を変更して保存したいと思います。PDF化し、ファイルを保存する前にファイル名を入力するダイアログボックスを表示し、入力したファイル名でPDFファイルを保存するマクロを作成してください。

Excel VBA を使用してファイルをPDF化し、ファイル名を入力して保存するマクロを作成できます。以下はその例です。

```vba
Sub SaveAsPDFWithCustomName()
    Dim fileName As String
    Dim savePath As String

    ' ファイル名の入力を求めるダイアログボックスを表示し、入力を取得
    fileName = InputBox("保存するファイル名を入力してください（拡張子なし）", "ファイ

    ' 入力が空の場合は処理を終了する
    If fileName = "" Then
        Exit Sub
    End If

    ' PDFとして保存するパスを指定（必要に応じて変更）
    savePath = ThisWorkbook.Path & "\" & fileName & ".pdf"
```

（以下、略）

ChatGPTが作成したコードをコピーし、VBAエディタで標準モジュールを追加して貼り付け、マクロを実行してみました。

　マクロを実行すると、最初に「ファイル名入力」というダイアログボックスが表示されるので、ここに保存後のファイル名を記入します。PDF形式で保存されることになるので、拡張子は「.pdf」になるため、ここでは拡張子は付けません。

マクロを実行すると、まずファイル名入力のダイアログボックスが開く

　ファイル名を記入して「OK」ボタンを押すと、マクロを実行していたファイルがPDF形式に変換され、保存されました。保存場所は開いていたExcelファイルと同じ場所ですが、これはマクロ内で変更しておくこともできます。変更箇所は次の場所です。

```
' PDFとして保存するパスを指定 ( 必要に応じて変更 )
savePath = ThisWorkbook.Path & "\" & fileName & ".pdf"
```

　このファイルのパスを、PDFファイルを保存したい場所のパスに変更しておきます。

　これでマクロを実行すると、開いているExcelファイルがPDFとして、指定したファイル名で保存されました。

日付に曜日を表示して書き換える

週ごと、月ごとに販売数や売上額の推移を把握する

　日報や日付別の売上額、商品販売数などをExcelで管理しているところもあります。日付ごとにまとめて記入されていれば、週ごと、月ごとに販売数や売上額の推移もわかり、あとで分析するときにも便利です。

　この日付の入った表では、週末や平日の分析も行えると便利ですが、そのためには日付に曜日が入っている必要があります。

　そこで**表に記入した日付を、曜日付きの日付に変換してくれるマクロ**を作成してみましょう。ChatGPTには、次のように指示しました。

A列に日付が記入されています。このA列の日付をA列末尾まですべて曜日付きの日付に変更するマクロを作ってください。

Excel でVBA を使用して、A列の日付を曜日付きの日付に変更するマクロを作成することができます。以下はその例です：

```vba
Sub 日付を曜日付きに変更()
    Dim LastRow As Long
    Dim Cell As Range

    ' A列の最終行を取得
    LastRow = Cells(Rows.Count, 1).End(xlUp).Row

    ' A列の各セルを処理して曜日付きの日付に変更
    For Each Cell In Range("A1:A" & LastRow)
```

（以下、略）

コードをコピーし、VBAエディタに貼り付けます。特に変更する箇所はありませんが、次の記述では日付はA列に入っていることになっています。別の列に記入しているなら、表に合わせて次の記述のセル名を変更する必要があります。

```
' A列の各セルを処理して曜日付きの日付に変更
　For Each Cell In Range("A1:A" & LastRow)
```

　このマクロを実行すると、A列に記入されている日付が、曜日付きの日付に変更されました。

	A	B	C
1	日付	商品名	販売数
2	2024/2/25	りんご	32
3	2024/2/26	みかん	45
4	2024/2/27	バナナ	25
5	2024/2/28	スイカ	39
6	2024/3/1	メロン	47
7	2024/3/2	パイナップル	31
8	2024/3/3	キウイ	23

	A	B	C
1	日付	商品名	販売数
2	2024/02/25 (月曜日)	りんご	32
3	2024/02/26 (火曜日)	みかん	45
4	2024/02/27 (水曜日)	バナナ	25
5	2024/02/28 (木曜日)	スイカ	39
6	2024/03/01 (土曜日)	メロン	47
7	2024/03/02 (日曜日)	パイナップル	31
8	2024/03/03 (月曜日)	キウイ	23

マクロを実行すると、日付に各曜日が入って置き換えられた

マクロで別シートにグラフを作成する

頻繁に使う操作をマクロ化する

　数値データの入った表では、これらの数値をもとにグラフを作成する
ケースも多いでしょう。データ表だけではイメージがわかなかったこと
も、グラフ化した途端に傾向などが鮮明になってくることがあります。ビ
ジュアル化はビジネスでも重要なのです。

　この作成している表のデータをもとに、これを**グラフ化する**のはExcel
の得意な機能です。グラフにしたい表を範囲指定し、挿入タブから「グラ
フ」を指定して、作成したいグラフの種類を選択するだけです。これでそ
れなりのグラフが自動的に作成されます。

　この程度の一連の操作であれば、わざわざマクロにするほどのこともな
いと思われるかもしれません。しかし、一連の操作だからこそ、マクロに
しておいたほうが毎回の手間が省けるというものです。

　作成している表をもとに、グラフを作成するマクロを、ChatGPTに作っ
てもらいました。次のように指示を出しています。

> 表を作成したシートで表を自動的に選択し、このデータをもとにグラ
> フを作成するマクロを作ってください。なお、グラフは別の「グラフ」
> という名前のシートに表示します。

Excel VBA を使用して、表を選択し、新しいシートにグラフを作成す
るマクロを作成できます。以下はその例です。

```vba
vba                                                    📋 Copy code

Sub CreateGraphFromSelectedRange()
    Dim selectedRange As Range
    Dim newChartSheet As Chart

    ' 選択範囲を取得
    Set selectedRange = Selection
```

（以下、略）

▼ ChatGPTだからといってもたいしたことはない？

　ChatGPTが作成してくれたマクロをコピーし、VBAエディタに貼り付け、マクロを実行します。エラーが出たら、そのエラーをChatGPTに伝え、修正してもらいます。

　ChatGPTはプログラミングが得意だと思われていますが、実際にVBAマクロを作成させてみると、エラーで動作しないケースも多いのです。この項目のマクロも、10回近くトライ＆エラーを繰り返して、ようやく正常に動くマクロになりました。

　それだけを考えると、ChatGPTだからといってもたいしたことはない、と落胆するユーザーも少なくないでしょう。しかし、VBA言語を覚え、使えるようになり、マクロを自作することを思えば、まったく知識のない状態で10回ほどのトライ＆エラーで、ユーザーが求めている機能を実現するマクロが完成してしまうのは、やはり驚異です。いくらマクロの勉強をしても、最初から自分で作成していたら、2日や3日かかることも珍しくないはずです。

　ChatGPTを使えば、マクロを作るという作業そのものを効率化できるだけでなく、そのマクロを実際に動かして利用することで、さらに作業の効率化が可能なのです。 それらの効率化は、10倍速で成果が出るといっても過言ではないでしょう。

👆 Point

エラーで動作しないことも多いのでトライ＆エラーを繰り返すことが重要

　なお、マクロでグラフを作成したとき、グラフの種類は次の部分で指定しています。

.chartType = xlColumnClustered ' グラフの種類を設定

　「xlColumnClustered」というのが、縦棒グラフの指定です。別の種類のグラフ、たとえば折れ線グラフなら xlLine に、円グラフなら xlPie に書き換えれば、希望するグラフが作成されます。また、グラフ作成時にグラフの種類を選択するよう、マクロの動作を追加してもいいでしょう。

　もちろん追加する機能も、先のコード内に追加するよう、ChatGPTに生成するよう指示すればいいでしょう。こうしてトライ＆エラーを繰り返しながら希望通り動作するマクロを作成できれば、あとは自動化されて日々の作業の効率もアップします。

データ表をもとに自動集計する

さまざまな集計ができるようになる

　さまざまな部署でExcelで表を作成するのは、一覧になっていればあとから見やすいといったメリットもありますが、最大のメリットはさまざまな集計が可能になる点です。

　たとえば、複数の店舗を持ち、日ごとに各店舗の商品とその販売数をまとめてExcelの表にしていたとします。この表をもとに、店舗ごとの商品販売数や、全店舗の商品ごとの販売数を集計して表示する、といったことが簡単に行えるのです。

　この集計を行うためには、Excelの機能を駆使する必要がありますが、Excelの操作にそれほど慣れていないユーザーの場合、どのような関数を利用し、どう設定すればいいのか迷うでしょう。

　これもChatGPTでマクロ化してしまいましょう。商品ごと、店舗ごとといったマクロを複数作成してもいいですし、これらの複数の集計をまとめて表示するようなマクロにしてもいいでしょう。ChatGPTに次のように指示してみました。

	A	B	C	D	E	F	G	H
1	日付	店舗名	商品名	販売数			集計	販売数
2	2024/2/1	新宿	キャベツ	45			キャベツ	
3	2024/2/2	高円寺	トマト	23			トマト	
4	2024/2/3	中野	レタス	56			ピーマン	
5	2024/2/4	吉祥寺	ニンジン	78			レタス	
6	2024/2/5	荻窪	大根	39				
7	2024/2/6	阿佐ヶ谷	白菜	20				
8	2024/2/7	高円寺	ブロッコリ	61				
9	2024/2/8	中野	ピーマン	82				
10	2024/2/9	吉祥寺	ナス	43				

作成されている表。カーソル位置の左隣の商品名ごとに、販売数を集計するマクロを作成したい

A列に日付、B列に店舗名、C列に商品名、D列に販売数を記入した表があります。この表をもとに、カーソルの左隣のセルに記入されている商品名の販売数を集計してカーソル位置のセルに記入するマクロを作成してください。

Excel の VBA を使用して、カーソルの左隣のセルに記入されている商品名の販売数を集計し、その結果をカーソル位置のセルに記入するマクロを作成できます。以下はその例です。

```vba
                                                         Copy code
Sub 集計マクロ()
    Dim ws As Worksheet
    Dim currentCell As Range
    Dim productName As String
    Dim totalSales As Integer
    Dim lastRow As Long
    Dim i As Long

    ' 現在のシートを取得
    Set ws = ActiveSheet
```

（以下、略）

ChatGPT が作成したマクロを、「Copy code」ボタンをクリックしてコピーし、VBA エディタを起動して標準モジュールを追加してここに貼り付けます。

この状態で、右側に記述しておいた商品名の右隣のセルにカーソルを合わせ、マクロを実行します。

ChatGPT はこの指示で、1回で正しく動作するマクロを作成してくれました。どのような動作を行うマクロなのか、もととなる表はどのように作成されているのか、それらを細かく指定することで、ChatGPT の回答の精度が上がるのです。

	A	B	C	D	E	F	G	H
1	**日付**	**店舗名**	**商品名**	**販売数**			集計	販売数
2	2024/2/1	新宿	キャベツ	45			キャベツ	127
3	2024/2/2	高円寺	トマト	23			トマト	59
4	2024/2/3	中野	レタス	56			ピーマン	
5	2024/2/4	吉祥寺	ニンジン	78			レタス	
6	2024/2/5	荻窪	大根	39				
7	2024/2/6	阿佐ヶ谷	白菜	20				
8	2024/2/7	高円寺	ブロッコリ	61				
9	2024/2/8	中野	ピーマン	82				
10	2024/2/9	吉祥寺	ナス	43				

マクロが実行され、カーソル位置の左隣に記述されている商品名の合計販売数が、カーソル
位置に記入された

Point

いくつかのマクロを作成させてみると、ChatGPT にどう指示すればいい
のか、そのコツもわかってくる。小さなマクロや簡単な動作のマクロなど
をたくさん作らせてみて、プロンプトにどう指定すればいいのか、そのコ
ツを習得する

集計結果を別シートに表としてまとめる

集計作業をさらに自動化する

　前節のマクロでは、作成されている表をもとに商品名ごとに販売数を集計し、それを1つずつカーソル位置のセルに記入していましたが、もっと自動化してみましょう。

　Sheet1のシートに集計元となる表を作成していましたが、集計結果は「集計結果」というシートを作成しておき、こちらに商品名ごとの表を作成し、複数の商品の販売数を集計した表をサクッと作成してみましょう。このマクロのほうが自動化も進んでおり、集計作業も楽になります。

　ChatGPTには、次のように指示しました。

> A列に日付、B列に店舗名、C列に商品名、D列に販売数を記入した表があります。この表をもとに、Sheet2の表のA列に記入されている商品名ごとに販売数を集計し、Sheet2のB列のそれぞれのセルに記入するマクロを作成してください。

申し訳ありませんが、Excel マクロの作成に関する具体的なコードを提供することはできません。ただし、VBA（Visual Basic for Applications）を使用して、この種の処理を行う方法を説明することは可能です。

まず、指定された作業を達成する VBA マクロの基本的な手順を示します。
（以下、略）

　このようにChatGPTにマクロを作成してほしいと頼んでも、「具体的なコードを提供することはできません。ただし、VBAを指定して、この種の

処理を行う方法を説明することは可能です」などと答え、**VBAのコードを作成してくれること**があります。ここではVBAコードを作成してくれればいいので、特に問題はないのですが、初めてChatGPTを利用するユーザーの場合、多少戸惑うかもしれません。プロンプトにどのように指示すればいいのか、このChatGPTの回答を見ながら学んでいくといいでしょう。

　ChatGPTが作成したマクロのコードをコピーし、該当のExcelでVBAエディタを起動し、標準モジュールに貼り付けます。なお、コードの中にはデータが入っているシート名、集計結果を出力するシート名、商品名が入っている列、販売数を記入する列などがセル名や列名などで記入されています。実際の表に合わせ、必要に応じてこれらの部分を変更します。

　VBAエディタにコードを貼り付けたら、集計したい表を記入しているシートに戻り、マクロを実行します。マクロが正しく動作し、Sheet1の表をもとに商品名ごとの販売数の集計を行い、それがSheet2に記入されました。

	A	B	C	D
1	**日付**	**店舗名**	**商品名**	**販売数**
2	2024/2/1	新宿	キャベツ	45
3	2024/2/2	高円寺	トマト	23
4	2024/2/3	中野	レタス	56
5	2024/2/4	吉祥寺	ニンジン	78
6	2024/2/5	荻窪	大根	39

データが記入されている表のSheet1シート

	A	B	C	D
1	集計	販売数		
2	キャベツ	127		
3	トマト	59		
4	ピーマン	169		
5	レタス	85		
6				

マクロが動作し、Sheet2に商品名ごとの集計が作成された

　商品名や店舗名ごとに集計を行うようマクロに機能を追加すれば、ルーティンで行っている作業は、このマクロを動かすだけで即座に済みます。同じことはExcelの機能を使って手作業で行ったり、Sheet2の集計表に関数を記入したりして実現させることもできますが、最初にChatGPTを使ってマクロを作成し、これを組み込んでおいたほうがずっと楽でしょう。

　Excelの自動化とは、楽をするための方法です。楽をすれば、その分作業が効率アップし、生産性も上がるというものです。ChatGPTを使って、そんな楽をする方法を見つけてみるといいでしょう。

集計結果をグラフ表示する

グラフを自動的に作成する

　商品ごと、あるいは店舗ごとの集計が、マクロで簡単に実現できるようになったら、この集計表を使って**グラフを自動的に作成する機能**も付け加えたいものです。

　テレビドラマなどでよく見る光景に、営業部で営業成績を棒グラフにして壁に貼っておき、部員の士気を高めるなどといった場面があります。そんな営業成績の棒グラフを、自動で作成してしまおうというわけです。

　ChatGPTには、次のように指示しました。

Sheet2の表をもとに、縦棒グラフを作成してSheet3に表示するマクロを作成してください。

Excel の VBA を使用して、Sheet2 からデータを取得し、それを縦棒グラフとして Sheet3 に表示するマクロを作成できます。以下はその例です。

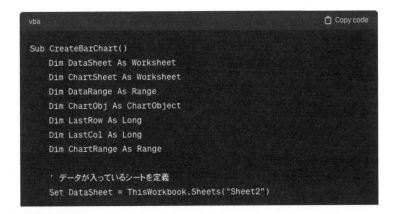

```vba
Sub CreateBarChart()
    Dim DataSheet As Worksheet
    Dim ChartSheet As Worksheet
    Dim DataRange As Range
    Dim ChartObj As ChartObject
    Dim LastRow As Long
    Dim LastCol As Long
    Dim ChartRange As Range

    ' データが入っているシートを定義
    Set DataSheet = ThisWorkbook.Sheets("Sheet2")
```

（以下、略）

もちろんこのマクロも、簡単に作成してくれました。回答のコード部分を「Copy code」ボタンをクリックしてコピーし、該当のExcelファイルでVBAエディタを起動して標準モジュールを追加し、貼り付けます。

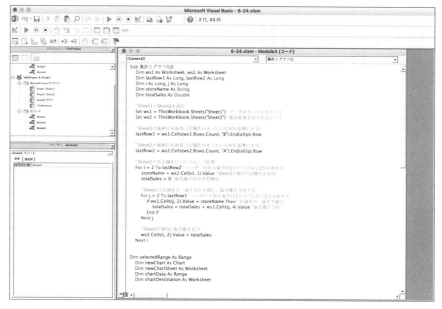

VBAエディタで標準モジュールを追加してコードを貼り付ける

▼一連の流れをマクロにする

　コードを貼り付けたら、実際に動かしてみましょう。正しく動作してグラフが表示されれば完成です。

　このマクロは、245ページで作成したグラフ化マクロと同じものでも構いません。同じものなら、やはりグラフを作成して表示してくれるので、前節で作成した集計マクロと合体させ、1つのマクロでSheet2に作成した表に沿って各支店の販売数を集計した表を作成し、この表をもとにグラフを作成する、という一連の流れをマクロにしてしまいましょう。

　同じチャット内なら、会話を続けて1本のマクロにまとめるよう指示できますが、別のチャットで指示するなら、次のように指定します。

A列に日付、B列に店舗名、C列に商品名、D列に販売数を記入した表があります。この表をもとに、Sheet2の表のA列に記入されている商品名ごとに販売数を集計し、Sheet2のB列のそれぞれのセルに記入するマクロを作成してください。

申し訳ありませんが、私は直接マクロを作成する機能はありません。ただし、Excel VBAを使用してこれを行う手順をご説明することはできます。

次の手順を実行して、VBAを使ってSheet2に希望の集計を行うマクロを作成できます:

Excelを開きます。
Alt + F11を押して、Visual Basic for Applications (VBA) エディタを開きます。
左側のプロジェクト エクスプローラーから、対象のブックを選択します。
「挿入」メニューから「モジュール」を選択して新しいモジュールを挿入します。
新しいモジュール内に、以下のコードを貼り付けます:

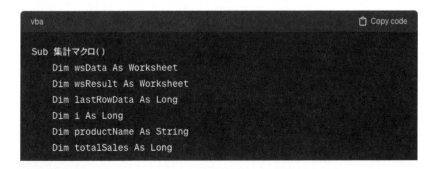

```vba
Sub 集計マクロ()
    Dim wsData As Worksheet
    Dim wsResult As Worksheet
    Dim lastRowData As Long
    Dim i As Long
    Dim productName As String
    Dim totalSales As Long
```

（以下、略）

これでシート1に作成している店舗ごとの販売数の表をもとに、シート2には店舗ごとの販売数の集計表を作成し、さらにこの集計表をもとに縦棒グラフを作成してシート3に表示する、といった一連の作業を自動化するマクロが完成しました。

　もっとも、このマクロを作成するときも、何度もトライ＆エラーを繰り返す必要がありました。先に作成した集計マクロと、次に作成したグラフ化マクロを単純に合体させて、途中の「Sub グラフ化()」の行や、マクロ終了の「End Sub」の行を合体マクロに合わせて削除、調整するだけで、やはりこの一連の動作を一度に実行するマクロにすることもできました。

　ChatGPTは万能ではありません。プロンプトの書き方によっては、マクロやコードといっても、正しく動作しないコードを回答してくることもあります。これに辛抱強く付き合ってトライ＆エラーを繰り返し、正しく動作するマクロに育てるか、実現したい機能を分解して細かな部品をChatGPTに作成してもらい、最後に自分でまとめて1本のマクロにする方法もあります。

　実際にChatGPTでマクロを作りながら、うまく動作するマクロができるよう、適宜作成方法を変更していくのもいいでしょう。ChatGPTが作成したマクロが動かないと嘆くのはChatGPTに使われてしまっているということです。賢いユーザーなら、ChatGPTを便利なツールとして使いこなしていく必要があるのです。

ChatGPT の代わりになる
Microsoft Copilot

有料版、無料版どちらにするか？

　ChatGPTにはGPT-3.5を利用できる無料版と、GPT-4が利用できる有料版のChatGPT Plusがあります。どちらが優れているのかは、プロンプトの指定方法や、実現したい機能によっても異なっており、必ずしも有料版のほうが賢く、より正確な回答をしてくれるわけではありません。

　ただし、有料版の回答のほうが無料版の回答よりも詳しく、精度が高いという傾向はあるようです。

　また、有料版ならテキスト生成AIだけでなく、画像生成機能を利用したり、GPTsを利用したり、あるいは豊富なプラグインを利用するといったことができますが、無料版にはこれらの機能がありません。

　しかし、毎月20ドルを支払うほど活用していないユーザーもいるでしょう。価格に見合うだけChatGPTが活用できるかわからないと躊躇しているユーザーもいるはずです。さらに、ChatGPTに続いてMicrosoft社では「新しいBing」を開始し、対話型テキスト生成AIとして現在Copilotが提供されています。Googleでも対話型テキスト生成AIの「Bard」を開始しています。

　特にGoogleのBardは、2023年2月に開始されましたが、言語モデルにLaMDAを採用しています。ChatGPTがGPT-3.5またはGPT-4を採用しているのに対し、異なる言語モデルを採用したわけです。

　ところがこのLaMDAは、GPTより性能が劣り、回答にも問題が多かったことから、Googleでは新しい言語モデルのGemini（ジェミナイ）を2023年12月に発表し、2024年からはGeminiとしてテキスト生成AIのサービスが提供されています。GPTのChatGPTか、GoogleのGeminiかで、二大生成AIの競争が始まろうとしているのです。Geminiの生成するテキスト

の回答の精度によっては、有料版ChatGPTに移行しなくても十分満足できる生成AIが利用できるようになるかもしれません。

　一方、Microsoft社ではChatGPTに遅れること2カ月、2023年1月に同社の検索サービスであるBingに、対話型生成AI機能機能を盛り込んだ「新しいBing」をリリース、2024年にはMicrosoft Bing内の**Copilot**としてサービスが提供されています。

　このCopilotは、内部では有料版のChatGPT Plusと同じGPT-4が採用されており、しかもインターネット内を検索して新しい情報まで使い、テキストを生成してくれるようになっています。

　つまり、**有料版のChatGPT Plusを利用しても、Microsoft社のCopilotを利用しても、AIが生成する回答にはそれほどの違いがない**と考えてもいいのです。もちろんシステムが異なるため、表示する回答には違いがありますが、使用している言語モデルはGPT-4ですから、内容や精度にそれほどの違いはないことになります。

　無料版ChatGPTを利用していて、そろそろ有料版にアップグレードしてみようかなと考えているユーザーは、BingのCopilotを使ってみてアップグレードするかどうか判断するといいでしょう。

▼Copilotの提供が開始

　さらに、Microsoft社では他のサービスにもCopilotを提供しています。これはChatGPTを利用するAIアシスタントで、WindowsやOffice 365にも組み込まれ、ExcelやWord、PowerPointといったアプリ内でも生成AIを利用してさまざまな機能が実現できます。

　ただし、Office365のユーザーでも、Copilotが利用できるのはいまのところ限られた会員だけという制約もあり、誰もがすぐこの機能を利用できるわけではないようです。

　さらに2023年末になって、Microsoft社がAndroid向け、iOS向けのMicrosoft Copilotアプリの配布を開始しました。これは、AndroidスマホやiPhoneなどでGPT-4などのAIモデルを利用できるアプリです。スマート

Androidスマホ向けの Microsoft Copilotアプリ

対話型のテキスト生成AIも利用できる

テキストだけでなく、画像生成もできる

フォンなら誰でもこのアプリを使い、Copilotを利用できるようになったのです。

　ChatGPTの開始で大きなブームとなった生成AIですが、このまま一過性のブームでは終わらず、必ず生活の中に深く浸透していくでしょう。もちろんビジネスや仕事にも浸透し、生成AIなしでは仕事が進められない時代もやってくるはずです。しかも、ChatGPT以外にもさまざまな生成AIが生まれ、玉石混交の中からユーザーが賢く選択して利用する時代になるでしょう。

　そんな新しい進化、新しい仕事、新しい時代に生きるためにも、まずブームの立役者となったChatGPTを使いこなし、生成AIを仕事や生活の中の便利なツールとして活用してみてください。

索　引

数字・アルファベット

武井 一巳（たけい・かずみ）

1955年、長野県生まれ。ジャーナリスト、評論家。

大学在学時より週刊誌・月刊誌にルポルタージュを発表。

ビジネスや先端技術分野の評論を行う一方で、パソコンやネットワーク分野、電子書籍などに関する解説にも定評があり、初心者向けのやさしい解説書を多数執筆。著書に『10倍速で成果が出る！ChatGPTスゴ技大全』（翔泳社）、『スマホではじめるビデオ会議 Zoom & Microsoft Teams [iPhone & Android対応版]』『今すぐ使えるかんたん Chromebook クロームブック 入門』（以上、技術評論社）、『スマートフォン その使い方では年5万円損してます』『月900円！からのiPhone活用術』『ジェフ・ベゾス 未来と手を組む言葉』（以上、青春出版社）など多数。

カバーデザイン	沢田幸平（happeace）
DTP	株式会社 シンクス

作業効率が10倍アップする!
チャットジーピーティー カケル エクセル
ChatGPT × Excelスゴ技大全

2024年3月13日　初版第1刷発行

著者	武井 一巳
発行人	佐々木 幹夫
発行所	株式会社 翔泳社（https://www.shoeisha.co.jp）
印刷・製本	株式会社 シナノ